中华精神家园
衣食天下

中国酒道

酒历史酒文化的特色

肖东发 主编　董 胜 编著

中国出版集团
现代出版社

图书在版编目（CIP）数据

中国酒道 / 董胜编著. — 北京：现代出版社，2014.11（2019.1重印）

（中华精神家园书系）

ISBN 978-7-5143-3051-9

Ⅰ.①中… Ⅱ.①董… Ⅲ.①酒—文化—中国 Ⅳ.①TS971

中国版本图书馆CIP数据核字（2014）第244353号

中国酒道：酒历史酒文化的特色

主　　编：肖东发
作　　者：董　胜
责任编辑：王敬一
出版发行：现代出版社
通信地址：北京市定安门外安华里504号
邮政编码：100011
电　　话：010-64267325　64245264（传真）
网　　址：www.1980xd.com
电子邮箱：xiandai@cnpitc.com.cn
印　　刷：三河市华晨印务有限公司
开　　本：710mm×1000mm　1/16
印　　张：10
版　　次：2015年4月第1版　2021年5月第4次印刷
书　　号：ISBN 978-7-5143-3051-9
定　　价：29.80元

版权所有，翻印必究；未经许可，不得转载

序 言 | 中国酒道

党的十八大报告指出："文化是民族的血脉，是人民的精神家园。全面建成小康社会，实现中华民族伟大复兴，必须推动社会主义文化大发展大繁荣，兴起社会主义文化建设新高潮，提高国家文化软实力，发挥文化引领风尚、教育人民、服务社会、推动发展的作用。"

我国经过改革开放的历程，推进了民族振兴、国家富强、人民幸福的中国梦，推进了伟大复兴的历史进程。文化是立国之根，实现中国梦也是我国文化实现伟大复兴的过程，并最终体现为文化的发展繁荣。习近平指出，博大精深的中国优秀传统文化是我们在世界文化激荡中站稳脚跟的根基。中华文化源远流长，积淀着中华民族最深层的精神追求，代表着中华民族独特的精神标识，为中华民族生生不息、发展壮大提供了丰厚滋养。我们要认识中华文化的独特创造、价值理念、鲜明特色，增强文化自信和价值自信。

如今，我们正处在改革开放攻坚和经济发展的转型时期，面对世界各国形形色色的文化现象，面对各种眼花缭乱的现代传媒，我们要坚持文化自信，古为今用、洋为中用、推陈出新，有鉴别地加以对待，有扬弃地予以继承，传承和升华中华优秀传统文化，发展中国特色社会主义文化，增强国家文化软实力。

浩浩历史长河，熊熊文明薪火，中华文化源远流长，滚滚黄河、滔滔长江，是最直接的源头，这两大文化浪涛经过千百年冲刷洗礼和不断交流、融合以及沉淀，最终形成了求同存异、兼收并蓄的辉煌灿烂的中华文明，也是世界上唯一绵延不绝而从没中断的古老文化，并始终充满了生机与活力。

中华文化曾是东方文化摇篮，也是推动世界文明不断前行的动力之一。早在500年前，中华文化的四大发明催生了欧洲文艺复兴运动和地理大发现。中国四大发明先后传到西方，对于促进西方工业社会的形成和发展，曾起到了重要作用。

中华文化的力量，已经深深熔铸到我们的生命力、创造力和凝聚力中，是我们民族的基因。中华民族的精神，也已深深植根于绵延数千年的优秀文化传统之中，是我们的精神家园。

总之，中华文化博大精深，是中国各族人民五千年来创造、传承下来的物质文明和精神文明的总和，其内容包罗万象，浩若星汉，具有很强的文化纵深，蕴含丰富宝藏。我们要实现中华文化伟大复兴，首先要站在传统文化前沿，薪火相传，一脉相承，弘扬和发展五千年来优秀的、光明的、先进的、科学的、文明的和自豪的文化现象，融合古今中外一切文化精华，构建具有中国特色的现代民族文化，向世界和未来展示中华民族的文化力量、文化价值、文化形态与文化风采。

为此，在有关专家指导下，我们收集整理了大量古今资料和最新研究成果，特别编撰了本套大型书系。主要包括独具特色的语言文字、浩如烟海的文化典籍、名扬世界的科技工艺、异彩纷呈的文学艺术、充满智慧的中国哲学、完备而深刻的伦理道德、古风古韵的建筑遗存、深具内涵的自然名胜、悠久传承的历史文明，还有各具特色又相互交融的地域文化和民族文化等，充分显示了中华民族的厚重文化底蕴和强大民族凝聚力，具有极强的系统性、广博性和规模性。

本套书系的特点是全景展现，纵横捭阖，内容采取讲故事的方式进行叙述，语言通俗，明白晓畅，图文并茂，形象直观，古风古韵，格调高雅，具有很强的可读性、欣赏性、知识性和延伸性，能够让广大读者全面接触和感受中国文化的丰富内涵，增强中华儿女民族自尊心和文化自豪感，并能很好继承和弘扬中国文化，创造未来中国特色的先进民族文化。

2014年4月18日

悠悠酒香——酒的源流

002　神农氏与黄帝发现酒源
007　仪狄与杜康发明酿酒术
016　夏商酒文化开始萌芽

酒之蕴含——酒道兴起

周代形成的酒道礼仪　022
春秋战国时的酒与英雄　028
秦汉时期酒文化的成熟　034
魏晋时期的名士饮酒风　043

借酒感怀——诗酒流芳

052　唐代酿酒技术的大发展
064　美酒催动李白诗情万丈
070　唐代繁荣的诗酒文化

美酒天下——文化纷呈

异彩纷呈的宋代造酒术　078
欧阳修醉翁之意不在酒　088
苏轼把酒问天与民共享　095
元代葡萄酒文化的鼎盛　101

酒道嬗变——酒的风俗

112　丰富多彩的明代酿酒
122　清代各类酒的发扬光大
132　明清时代完善的酒风俗
145　丰富有趣的酒令和酒歌

悠悠酒香

酒的源流

我国制酒源远流长,品种繁多,名酒荟萃,与中华文化密切相关。史前时期,原始部落的人们采集的野果在经过长期的贮存后发霉,然后形成酒的气味。经过最初的品尝后,他们认为,发霉后果子流出的水也很好喝,于是,就开始了酿造美酒,从而使我国酒文化蕴含着远古意蕴。

酒的发明者,人们共推我国上古以及夏代时的仪狄、杜康以及商代的伊尹,他们对其有过巨大贡献。夏商时期酒文化的萌芽,说明古代农业生产有了很大的发展,也证明了当时酿酒工艺的进步。

神农氏与黄帝发现酒源

我国上古时期，有一位伟大的部落首领，叫神农氏。由于当时五谷和杂草长在一起，谁也分不清，神农氏就想出了一个办法，自己亲自尝百草，分辨出哪些是可吃的粮食，为百姓充饥，哪些是可治病的草药，为百姓治病。

神农尝百草

神农氏开始了他的伟大实践。在尝百草期间，神农氏发现了谷物种子，他将手中的种子放在洞穴里储存，不小心被雨水浸泡了。

谷物种子经过自然发酵，流淌出了一种液体，并且还能饮用，当时称为酃。

有一次，神农氏来到株洲境内的一座山前，山峰下有一眼泉水，泉水潺潺不息。泉眼旁山花烂漫，长着许多红色、有刺、无毛的野果。

神农氏尝了尝甘甜的泉水，又品尝了这种红色野果，顿觉心旷神怡，精力充沛。于是，他就用泉水泡这种野果，然后将野果浸泡后流出的液体洞藏起来，日日饮用，可医治百病。

从此，人们将这眼泉水称为"神农泉"，将这种能泡酒的野果称为"神农果"。

神农氏被后世尊称为炎帝，他和黄帝是我们中华民族的共同祖先。上古时期的很多发明创造，都出现在炎帝和黄帝时期。

■ 神农采药图

相传黄帝要选用祭祀上天和招待各部落首领的物品，炎帝敬献"鬯"，黄帝问这是何物，炎帝答说，是用五谷中的黍米酿造的。

炎帝请黄帝为此物赐名，黄帝听说此物生长在黄河两岸的黄土地，乃赐名为"黄酒"。后经多次试验，终于形成了酿造黄酒的技法。

自从黄酒成功酿造后，中华民族的子孙就用黄酒作为祭祀、庆功庆典以及招待尊贵上宾的圣物，世代相沿。黄酒是我国历史上最古老的谷物酿造酒。

在我国最早的诗歌总集《诗经》中有"秬鬯一卣"的记载。秬，就是黑黍；鬯，是香草。秬鬯，是

神农氏 我国古代的神话人物。姜水流域姜姓部落首领。他制耒耜，种五谷。治麻为布，民着衣裳。制作陶器，改善生活。因功绩显赫，以火德称氏，故为炎帝，尊号神农，并被后世尊为我国农业之神。他与黄帝结盟并逐渐形成了华夏族。因此形成了炎黄子孙。

■ 黄帝画像

古人用黑黍和香草酿造的酒，用于祭祀降神。

黄帝和蚩尤发生大战时，黄帝的队伍来到西龙山下。此时正逢盛夏，烈日当空，队伍兵乏马困。黄帝便命人去找水，但是过了大半天也没有找到。

黄帝一着急，"呼"地一下从石头上站起来了，忽然觉得刚才坐的这块石头特别冰凉，周身的汗水霎时全部消失了，反而冷得浑身打战。

黄帝弯下腰，用力将这块大石头搬起。谁料，石头刚刚搬开一条缝，一股清澈透明的涌泉水从石头缝里冒出来。黄帝大喊："有水了！"

士兵一听有水了，赶忙前来帮助黄帝将这块石头搬开，水流更大了。士兵顾不得一切，有的用双手捧水喝，有的就地趴下喝。水越流越大，很快地解决了全军战士的口干舌燥。军队喝足了水，解了渴，而且觉得肚子也像吃饱了饭。人们都感到奇怪，但谁也解释不了。

这时，突然又传来了军情紧急报告，说是蚩尤军队又追上来了。来势凶猛，看样子要和黄帝军队在西龙山下决一死战。

黄帝问明了情况，命令大将应龙、力牧集合军

黄帝（前2717—前2599），古华夏部落联盟首领。以统一华夏部落与征服东夷、九黎族而统一中华的伟绩载入史册。在位期间，播百谷草木，大力发展生产，始制衣冠、建舟车、制音律、创医学等。黄帝是"五帝之首"，被尊为中华民族的人文初祖。

队,把蚩尤军队引向东川,那里没有水源。黄帝和风后亲自带领了一支精悍军队,翻山埋伏,截断蚩尤军队的退路。经过激战,蚩尤溃不成军,除少数人逃跑外,其余全军覆没。

为了纪念这次胜利,黄帝命仓颉把西龙拐角山下这股泉水命名为"救军水"。

不知又过了多少年,发生了一次大地震,"救军水"一下子断流了,当时的先民都觉得奇怪。人们到处奔走相告,有人还求神打卦。

唯有负责酿酒的大臣杜康,整天趴在"救军水"泉边,面对干涸的水泉,忧心忡忡:"救军水"酿出来的酒不光是好喝,还能治病。现在水源断了,从哪里再寻找这么好的水酿酒呀!

黄帝知道了此事,也觉得是一大损失,就请来挖井能手伯益,挖井寻找"救军水"的水脉。经过一个

伯益 又作伯翳、柏翳、柏益、伯鹥等,出生于山东西南部中原地区。传说他能领悟飞禽语言,被尊称为"百虫将军"。在他的带领下,我国早期先民学会了建筑房屋,凿挖水井。因此被我国民间尊称为"土地爷",并受到不同形式的供奉。

■ 古人酿酒场景

古代酿酒画像砖

多月时间，井里出水了。人们饮用后，都说这是"救军水"的味道，干甜味美。

杜康又用此水酿酒，酿出来的酒比原来的味道更好，气味芳香，很有劲。在伯益的提议下，黄帝就把这口井命名为"拐角井"。

这些传说都说明，在炎帝和黄帝时期，人们就已开始酿酒。此外，汉代成书的《黄帝内经·素问》中也记载了黄帝与岐伯讨论酿酒的情景，书中还提到一种古老的酒"醴酪"，即用动物的乳汁酿成的甜酒。由此可见，我国酿酒技术有着悠久的历史。

阅读链接

传说由神农氏发明的"神农酒"，在古代长久流传下来，在宋代已大有名气。相传宋太祖赵匡胤戎马一生，龙体欠佳，御医就让他每日饮三杯神农酒，结果龙体很快恢复。

967年，宋太祖降旨在炎陵县鹿原坡大兴土木兴建了神农庙。自此而始，后人便于每年的农历九月初九在神农庙里朝拜神农始祖，以祈求幸福安康，并向炎帝祭酒三杯，以示感恩和纪念。在我国南方的湘、鄂、赣、闽、粤、桂地区，沿袭着常年用谷酒或米酒配制中药材浸制药酒的传统。

仪狄与杜康发明酿酒术

上古时期,大禹因为治水有功而被舜禅让为天下之主,但是因为国事操劳,使他十分劳累,巨大的压力使他吃不下饭也睡不着觉,逐渐瘦弱下来。

禹的女儿眼看着父王每天繁忙国事,甚是心疼,于是请服侍禹膳食的女官仪狄来想办法。仪狄领命后,不敢怠慢,立即想办法寻找可口的食物,给禹王补身体。

这一天,仪狄到深山里打猎,希望猎得山珍美味。这时,她却意外地发现了一只猴子在吃一潭发酵的汁液,原来这是桃子流出来的汁

大禹画像

■仪狄造酒浮雕

液。猴子喝了之后,便醉倒了,而且看上去它还有十分满足的样子。

仪狄十分好奇,她也想亲自品尝品尝。仪狄尝了之后,感到全身热乎乎的,很舒服,而且整个人筋骨都活络起来了。仪狄不由得高兴起来:想不到这种汁液可以让人忘却烦恼,而且睡得十分舒服,简直是神仙之水啊!

仪狄赶紧用陶罐将汁液装好,拿来给禹王饮用。大禹被这香甜浓纯的味道深深地吸引住了,胃口大开,一时间觉得精神百倍,体力也逐渐恢复了。

仪狄因为受到禹王对自己的肯定,便决心研究造酒技术。在精卫、小太极和大龙的帮忙下,仪狄终于完成了第一次造酒,大家都兴奋地急着想品尝。

仪狄首先喝了一口,她喝了之后差点没吐出来,因为喝起来就像馊水一样。原来是汁液还没有经过发酵这个步骤,所以第一次造酒失败了。

但是仪狄不气馁,在大家的帮助下,经过不停的试验,终于酿制出美味的酒液来。

在一次盛大的庆功宴会上,大禹吩咐仪狄将所造的酒拿来款待大家,大家喝了后,都觉得是人间美味,愈喝愈多,感觉就像腾云驾雾一样舒服。

禹 姓姒,名文命,字高密,史称大禹、帝禹,为夏后氏首领、夏朝第一任君王。禹是黄帝的玄孙、颛顼的孙子。相传,禹治理黄河有功,受舜禅让继帝位。在诸侯的拥戴下,53岁的禹王正式即王位,国号夏,因此后人也称他为夏禹。

大禹王也十分高兴，封仪狄为"造酒官"，命令她以后专门为朝廷造酒。

仪狄造酒的故事被后来的古籍记载下来。战国时期的吕不韦在《吕氏春秋》中说："仪狄作酒。"而汉代经学家刘向的《战国策》记载得较为详细：

> 昔者，帝女令仪狄作酒而美，进之禹，禹饮而甘之，曰："后世必有饮酒而亡国者。"遂疏仪狄而绝旨酒。

> **精卫** 古代神话中所记载的一种鸟，相传是炎帝的女儿。由于在东海中溺水而死，所以死后化身为鸟，名叫精卫，常常到西山衔木石以填东海。精卫之后，有海鸥、海燕等许多类小鸟开始继承精卫的精神，每天都要在大海上空飞翔，衔石投海。

不管怎样，仪狄作为一位负责酿酒的官员，完善了酿造酒的方法，终于酿出了质地优良的酒醪，此酒甘美浓烈，从而成为酒的原始类型。

与仪狄同一时期，还有杜康酿酒的传说。杜康曾经为大禹治水献出过奇方妙策，大禹建立夏王朝后，就让他担任庖正，管理着全国的粮食。

有一天，禹王传旨令杜康上朝。杜康匆匆来到宫中，正要叩拜禹王，却听见禹王打雷似的吼道："把杜康捆起来！"

杜康不知自己身犯何罪，正待要问个明白，却见自己属下管粮库的仆从黄浪说："杜庖正，蒲四仓一库粮食霉坏了！都怪

■ 古籍《吕氏春秋》中对"仪狄作酒"进行了记载

您拿走库房钥匙,几个月竟忘了还给小人。"

杜康一听,对禹王说:"启奏陛下,小臣前天在花园偶然捡到库房钥匙,即刻找来黄浪责问,他谎说两个时辰前丢失。臣万没料到事已至此。罪在臣尽职不细。"

黄浪分辩道:"禹王在上,我黄浪身居杜庖正手下仆从,若是我丢了钥匙,他能轻饶于我?若钥匙在我手中,发现霉粮禀报大王,岂不是自投罗网?"

杜康气得说不出话来。

禹王听黄浪滔滔不绝,见杜康怒而不语,以为杜康无理可辩,便喝令一声:"把杜康推出斩首。"

卫士们推着杜康,来到刑场,举起大刀,正要劈将下去,却听得一声大喝:"刀下留人!"

卫士们一惊,抬眼看去,原来是德高望重的大臣仪狄。她来到杜康身边,问了曲直原委,气喘喘、急匆匆地到宫中去了。

杜康塑像

仪狄到宫中,对禹王说:"杜康素怀大志,德才兼备,倘若仓促处斩杜康,必有三大不利:一则伤了人才,二则百官寒心;三则万一事有出入,岂不有损禹王的清名?"

此时,禹王盛怒已过,又见仪狄说得有理,待要收回成命,又怕百官耻笑自己轻率,便下令道:"免杜康一死,重责二十,逐还乡里。命黄浪取代庖正。"

临行前,杜康到了粮库跟

■ 仪狄造酒浮雕

前，只见霉粮已经清出库外。他抓起一把发芽霉烂的大麦和黍米，反复观看，心儿似刀扎一般疼痛。

忽然，杜康闻到霉粮中一股奇异的香味扑鼻而来，若有所思。这时仪狄前来送行，他送给杜康一个刻字骨片，上边刻着这样几个字："鹰非鸡类，伤而勿哀，心存大众，励精勿衰。"

仪狄的鼓励，把杜康一颗冰凉的心说得热乎起来。他装了几包霉粮，回到了家乡。

杜康自回到家中，闭户不出，想着自己尽职不细，造成霉粮，心内疚惭。他舀来霉粮，放在身边，反复探究香味的来由，思考着挽救损失的办法。

隔壁李大伯见杜康闭户不出，特地前来探望，一进门，二话未说却惊异地问："杜康，你从哪儿搞来了神水？"

杜康莫明其妙地摇了摇头。李大伯笑着说："骗不了我！骗不了我！这神水闻起来香，喝起来甜，能治病消灾，一进门我就闻见它的气味了。"

黍 我国古代主要粮食及酿造作物，列为五谷之一。黍米是我国北方地区特有的品种，而品质当属山西省北部地区的最好。当地民间百姓将黍米磨成面粉，再制成炸糕，用来款待亲友和客人，从而成了本地最有特色的传统风味食品。

古代酿酒坊

听了李大伯的话,杜康把霉粮指给大伯看。李大伯抓起一把,闻了闻,更为惊怪,皱着眉头说:"这才奇了,霉粮的气味,咋和神水的香味一样呢?"

李大伯就说出了一段奇遇:有一天,李大伯去北山砍柴,砍了半天,口渴得要命,这时,他在一棵果树下发现有个凹槽,盛了半槽水。李大伯一口气喝了个饱,抬起头时,感到口里润滑如玉,水中有奇特的香味,低头看时,凹槽里沉着几颗霉烂的果子。第二天,李大伯路过此地,又去喝,一连喝了几天,不仅浑身来劲,还把多年腹胀的老病根给除了。他想,这一定是自己一生纯正,老天爷特意赐舍的神水。

杜康听罢老伯的叙述,却生出了一个念头来:霉烂的果子泡在槽里盛积的雨水中能生出神水,霉粮泡在清水里行不行呢?

杜康舀来一罐清水,倒进霉粮,放在阴凉干燥处,眼巴巴地等待着神水的出现。好多天过去了,罐子里飘不出香味。杜康又变着别的法儿试制,都没有结果。这时他神情十分沮丧,恨自己无能呀!

杜康在家中实在坐不住了，就到村东头的沟里去散闷。无意中，他发现一眼奇特的泉水。别的泉水都结了坚冰，唯独这眼泉水却洁净透明，隐隐喷动，更奇怪的是，泉水里还散着一股淡淡的清香。

杜康又惊又喜，他从家取来罐子，打一罐泉水回家，将霉粮掺进泉水罐，放在热炕上，白天守着看，晚上贴着眠。

过了几天，霉粮发生了变化，香味也在变浓。半月之后，一股浓香弥漫了室内，飘在了院中，飞过墙去，招来了李大伯。

李大伯兴冲冲地喝了一口，顿觉柔润甘甜，回味无穷，便不迭声地夸赞道："好神水！好神水！"

这件事一经传开，立时轰动了康家卫一带百八十里的地方，人们都传说着杜康制出了神水，能消灾治病，神通非凡。每日间求神水的人络绎不绝，一个小小康家卫显得十分红火。

这时，杜康对于这神水能不能多喝，心中无数，便想亲自尝尝。他端来一碗神水，一气喝下，只觉得浑身清爽，精神倍增，又舀来一碗，仰头喝完，更觉得清香满口，再舀来一碗喝完，却感到头重脚轻，天旋地转，向床上一躺，朦胧了一阵，就不省人事了。

杜康倒在床上不久，一个乡邻前来要神水。进得草堂，叫了几声杜康，见杜康死睡不应，又用手去推，发现杜康脸色惨白，来人吓得放声痛哭。哭声惊动了四邻八舍，不大工夫，人们就挤满一院。

这一哭却把杜康吵醒了，他伸胳膊展腿地动了几下，一骨碌爬起来，揉了揉眼，仿佛睡了一个熟觉。人们问清原因，方才放心。

弄清了神水的用量，杜康又忙碌着研制新的酿造办法。正当杜

杜康泉

■ 西周虢季铜圆壶酒

康愁于霉粮快用完时，李大伯拿来好的黍米，要杜康和霉粮掺在一起制神水。

杜康经过试验，果然制出了好神水，又试了几次，一次比一次放的霉粮少，制出的神水也越来越美。

杜康又用霉粮做引子，引子快完时，再掺进发芽的大麦和黍米，做成引子，这样一来，引子不断，神水不绝。

这一天，大禹早朝，只见黄浪抱出一个罐子，口称数日辛劳，制成玉液神水，除病消灾，功力神异，特向禹王进献。

禹王大喜，接过罐子，启开封盖，果然异香扑鼻，弥漫宫廷，群臣敬羡不已。只有仪狄心生疑团。

禹王举罐喝了一口，连声夸奖道："好神水！好神水！"于是，他乘一时高兴，咕咚咕咚地喝将起来，不一会，就把一罐神水喝光了。等到放下罐子，却见他面红耳赤，眼中充血，口里不住地乱语。

仪狄忙叫宫卫搀扶禹王至后宫休息。约莫过了两个时辰，禹王又气冲冲地回到宫中，愤怒地责骂黄浪弄来什么毒药，要毒害他。黄浪吓得六神无主，慌急中招出他差人取来的是杜康造的神水。

大麦 我国古老的作物。据考证，早在新石器时代中期，古羌族就已在黄河上游开始栽培，距今已有5000年的历史。大麦具有早熟、耐旱、耐盐、耐低温冷凉、耐瘠薄等特点，因此栽培非常广泛。

禹王一听神水是杜康所造，便喝令宫卫去抓杜康。仪狄立即跪奏，把杜康造神水的经过说了个一清二楚，又说神水性烈，不宜多饮，饮多了就会失态。仪狄是禹王最信得过的大臣，听了这番叙说，他才释了疑团，下令请杜康速速进宫叙话。

杜康叩拜禹王，禹王走下王位，搀起杜康，懊悔地说："卿素心清雅，其诚感天。昔日使卿蒙受屈冤，皆为我之过也！今为酉日，卿冤案已平，神水亦应更香。为了表彰卿之忠诚，我欲将三点水旁加酉的'酒'字赐为神水之名，不知卿意如何？"

杜康忙说："禹王褒奖，杜康受之有愧，愿以有生之年，多造好酒，以报禹王浩荡天恩。"禹王见杜康决心已定，也不好强留。

后来，杜康回到家乡，终年造酒，遂使酒的质量越来越好。

杜康百年之后，家乡的人却传说杜康并没有死，只是因造酒劳累过度，睡着后好久未醒。

传说仙童玉女们垂涎酒香，悄悄从梦中把杜康带到天上。等杜康睡醒来，又要重返人间，玉帝却强留不放，命他做瑶池宫经济总管。杜康却只想造酒。玉帝无奈，只好让他重操旧业，继续造酒。果然，杜康在天堂又造出了瑶池玉液的好酒来。

> **阅读链接**
>
> 在我国古书《世本》中，有"仪狄始作醪，变五味"的记载。仪狄是夏禹时代司掌造酒的官员，相传是我国最早的酿酒人，女性。东汉许慎《说文解字》中解释"酒"字的条目中有："杜康作秫酒。"《世本》也有同样的说法。更带有神话色彩的说法是"天有酒星，酒之作也，其与天地并矣"。
>
> 这些传说尽管各不相同，大致说明酿酒早在夏朝或者夏朝以前就存在了，夏朝距今4000多年，而夏代古墓或遗址中均发现有酿酒器具。这一发现表明，我国酿酒起码在5000年前已经开始，而酿酒之起源当然还在此之前。

夏商酒文化开始萌芽

远古时期的酒,是未经过滤的酒醪,呈糊状和半流质,不适于饮用,而是食用。此时的酒具一般是食具,如碗、钵等大口器皿。

远古时代的酒器制作材料主要是陶器、角器、竹木制品等。夏代酒器的品类较之前人有了很大的发展,但颇显单调,主要是陶器和青铜器,少数为漆器。

夏代陶制酒器器形已相当丰富,有陶觚、爵、尊、罍、鬶、盉。不过,这时帝王贵族使用的饮酒器,开始出现了青铜器,如铜爵、斝和漆觚等。

从二里头夏代遗址发现的铜器来看,很多都是酒器。其中有一种叫作"爵",其制造技术很复杂,

夏朝青铜爵

■ 远古时期的酒具

有一个很长的流和尾，腹部底下有3个足，腰部细而内收，底部是平平的。是我国已知最早的青铜器，在中华历史上具有重要的地位。

当时乡人于农历十月在地方学堂行饮酒礼。在开镰收割、清理禾场、农事既毕以后，辛苦了一年的人们屠宰羔羊，来到乡间学堂，每人设酒两樽，请朋友共饮，并把牛角杯高高举起，相互祝愿大寿无穷，当然也预祝来年丰收大吉，生活富裕。

到了商代，酒已经非常普遍了，酿酒也有了成套的经验。我国最古老的史书《尚书·商书·说命下》中说：

　　若作酒醴，尔惟麴蘖；若作和羹，尔为盐梅。

麴，即"曲"，酒母。麴蘖，就是指制酒的酒曲。意思是说，要酿酒，必须用酒曲。

罍　是商朝晚期至东周时期大型的盛酒和酿酒器皿，有方形和圆形两种形状，其中方形见于商代晚期，圆形见于商朝和周朝初年。从商到周，罍的形式逐渐由瘦高转为矮粗，繁缛的图案渐少，变得素雅。

爵　我国古代一种用于饮酒的容器，多发现于商代和西周的青铜礼器中。后演变为君主国家贵族封号，爵位、爵号，是古代皇帝对贵戚功臣的封赐，周代有公、侯、伯、子、男5种爵位。

■ 古代酒具

用糵法酿醴在远古时期也可能是我国的酿造技术之一，商代甲骨文中对醴和糵都有记载。这就是后世啤酒的起源。

酒的广泛饮用引起了商王朝的高度重视。伊尹是商汤王的右相，助汤王掌政十分有功，德高望重。汤王逝世，太甲继位，伊尹为商王朝长治久安而作《伊训》，力劝太甲认真继承祖业，不忘夏桀荒淫无度而导致夏亡的教训，教育太甲，常舞则荒淫，乐酒则废德。陶制酒器在商代除了精美的原始白酒器外，一般是中小贵族及民间使用，当时帝王和大贵族使用的酒器主要是青铜酒器。

在商代，由于酿酒业的发达，青铜器制作技术提高，我国的酒器达到前所未有的繁荣，出现了"长勺氏"和"尾勺氏"这种专门以制作酒具为生的氏族。

传说，周公长子伯禽，受封于鲁国，分到了"殷民六族"，即条氏、徐氏、萧氏、索氏、长勺氏、尾

伊尹 名伊，商初大臣。生于伊洛流域古有莘国的空桑涧，即山东曹县。是杰出的思想家、政治家、军事家。是历史上第一个以负鼎俎调五味而佐天子治理国家的杰出庖人。他创立的"五味调和说"与"火候论"，至今仍是中国烹饪的不变之规。他是我国历史上第一个贤能相国、帝王之师、中华厨祖。

勺氏。

民间传说，长勺氏的冶炼技术传承来自太上老君，是他把精湛的冶炼技术传给了长勺氏，又经长勺氏的历代发展，铸造技术越来越精湛。

由于长勺氏和尾勺氏制作酒器的技术高超，当时上至达官贵人，下至黎民百姓，都使用他们生产的酒具和水器，水器是用来舀食物、水的生活用具，如长把勺子、碗、瓢等等。

但是，由于当时的盛酒器具和饮酒器具多为青铜器，其中含有锡，溶于酒中，使商朝的人饮后中毒，身体状况日益衰弱。同时，当朝的执政者并不能都接受教训，到了商纣王时，仍然嗜酒，传说纣王造的酒池可行船，这最终导致了商代的灭亡。

商代酒器发展较快，品类迅速增多，以陶器和青铜器为主，另有少量原始瓷器、象牙器、漆器和铅器等作辅助。器形有陶觚、爵、樽、罍、盉、斝、铜觚、卣、斝、盉、瓿、方彝、壶、杯子、挹等。

殷商时代祭祀的规模很宏大。在《殷墟书契前编》中有一条卜辞，即"祭仰卜，卣，弹邕百，牛百用"。一次祭祀要用100卣酒，100头牛。祭祀用的卣约盛3斤酒，百卣即

> 《伊训》商代老臣伊尹所作，旨在对新王太甲进行教育。伊尹训示太甲：你要秉承先王大德，把大爱施与亲人，把尊敬施与长上，把这一政策从王的身边，推行到全国各地。伊尹强调，你积德不管多小，那是全国的幸运；你缺德不管多隐蔽，那将导致商朝的灭亡。

■ 商代酒器青铜觚

■古代祭祀用的酒具

300斤。

祭祀天地先王为大祭，添酒3次；祭祀山川神社为中祭，添酒2次；祭祀风伯雨师为小祭，添酒1次。元老重臣则按票供酒，国王及王后不受此限。

酒器的丰富和祭祀用酒，体现了夏商酒文化开始萌芽，并且说明了当时的农业生产有了很大的进步和发展。

阅读链接

樽和罍一样，为盛酒之器。由于在商代及西周初年，人们普遍使用樽这种酒器，以至于使樽和酒紧密地联结在一起，在后世文章中常出现"樽酒"之称。

唐代诗人韩愈《赠张籍》云："樽酒相逢十载前，君为壮夫我少年；樽酒相逢十年后，我为壮夫君白首。"宋代诗人陆游《东园晚步》诗有句道"痛饮每思樽酒窄"，樽酒连称，指酒宴或酒量。清初诗人钱谦益《饮酒七首》之二云："岂知樽中物，犹能保故常。""樽中物"即指酒，与"杯中物"同义。

酒之蕴含
酒道兴起

西周时期酿酒技术的逐步成熟和酒道礼仪的形成,在尊老重贤的中华传统中有着深远的意义。春秋战国时期,由于物质财富大为增加,从而为酒文化的进一步发展提供了物质基础。

秦汉统一王朝的建立,促进了经济的繁荣,酿酒业兴旺起来。从提倡戒酒,减少五谷消耗,到加深了对酒的认识,使酒的用途扩大,构成了调和人伦、娱悦神灵这一汉人酒文化的精神内核。魏晋南北朝时期,饮酒风气极盛,酒的作用潜入人们的内心深处,使酒文化具有了新的内涵。

周代形成的酒道礼仪

周成王姬诵执政时,由于他年少,便由周公旦辅政。周公旦励精图治,使西周王朝的政治、经济和文化事业都得到了空前的发展。当时的酒业也迅速地发展起来。

■尹吉甫画像

西周酿酒业的发展首先体现在酒曲工艺的加工上,据周代著作《书经·说命篇》中说:"若作酒醴,尔惟曲糵。"说明当时曲糵这个名称的含义也有了变化。

西周时制的散曲中,一种叫黄曲霉的菌已占了优势。黄曲霉有较强的糖化力,用它酿酒,用曲量较之过去有所减少。

由于黄曲霉呈现美丽的黄色，周代王室认为这种颜色很美，所以用黄色布制作了一种礼服，就叫"曲衣"，以至于黄色成为后世帝王的专用颜色。

西周时期，有个叫尹吉甫的，他是西周宣王姬静的宰相，是一位军事家、诗人、哲学家。他在成为周宣王的大臣之前是楚王的太师。一日朝堂之上，楚王派尹吉甫作为使者向周宣王进贡。于是，尹吉甫就带上一坛家乡房陵产的黄酒献给周宣王。

当时的房陵已经掌握了完整的小曲黄酒的酿造技术，当尹吉甫将房陵黄酒呈上殿后，开坛即满殿飘香。周宣王尝了一口，不禁大赞其美，遂封此酒为封疆御酒。并派人把房陵这个地方每年供送的黄酒用大小不等的坛子分装，储藏慢用。

从此，黄酒不仅拥有了御赐"封疆御酒"的殊荣，还被周王室指定为唯一的国酒。

西周不仅酒的酿造技术达到相当的水平，而且已经有了煮酒、盛酒和饮酒的器具，还有专做酒具的"梓人"。

西周早期酒器无论器类和风格都与商代晚期相似，中期略有变化，晚期变化较大，但没有完全脱离早期的影响，仍以青铜酒器为大宗，原始瓷酒器略有

■ 酿酒发酵池

酒曲 是在经过强烈蒸煮的白米中，移入曲霉的分生孢子，然后进行保温，米粒上便会茂盛地生长出菌丝，这就是酒曲。关于酒曲的最早文字是周代著作《书经·说命篇》中的"若作酒醴，尔惟曲糵"。酒曲的生产技术在北魏时的《齐民要术》中第一次得到全面总结，在宋代已达到极高的水平。

发展，漆酒器品类较商代晚期为多。

在北京房山琉璃河西周燕国贵族墓地中发现有漆罍、漆觚等酒器，色彩鲜艳，装饰华丽，器体上镶嵌有各种形状的蚌饰，是我国最早的螺钿漆酒器，堪称西周时期漆酒器中的珍品。

为了酿好和管好酒，西周还设置了"酒正""酒人"等，以此来掌酒之政令。同时还制定了类似工艺、分类的标准。周代典章制度《周礼·天官》中记载酒正的职责：

西周时期的酒器

　　酒正……辨五齐之名，一曰泛齐，二曰醴齐，三曰盎齐，四曰醍齐，五曰沈齐。辨三酒之物，一曰事酒，二曰昔酒，三曰清酒。

"五齐"是酿酒过程的5个阶段，在有些场合下，又可理解为5种不同规格的酒。

"三酒"大概是西周王宫内酒的分类。"事酒"是专门祭祀而准备的酒，有事时临时酿造，故酿造期较短，酒酿成后，立即就使用，无须经过贮藏；"昔酒"则是经过贮藏的酒；"清酒"大概是最高档的酒，大概经过过滤、澄清等步骤。这说明酿酒技术已较为完善。

反映秦汉以前各种礼仪制度的《礼记》中，记载了被后世认为是

酿酒技术精华的一段话:

> 仲冬之月,乃命大酋,秫稻必齐,曲糵必时,湛炽必洁,水泉必香,陶器必良,火齐必得,兼用六物,大酋监之,无有差忒。

"六必"字数虽少,但所涉及的内容相当广泛全面,缺一不可,是酿酒时要掌握的六大原则问题。

到了东周时期,酒器中漆器与青铜器并重发展。青铜酒器有樽、壶、缶、鉴、扁壶、钟等,漆酒器主要有耳杯、樽、卮、扁壶。另有少量瓷器、金银器,陶酒器则较少见了。

周代实行飨燕礼仪制度,这一制度在周公旦所著的《周礼》中就有详细规定。飨与燕是两种不同的礼节。飨,是以酒食款待人;礼,是天子宴请诸侯,或诸侯之间的互相宴请,大多在太庙举行。待客的酒一桌两壶。宾主登上堂屋,举杯祝贺。规模宏大,场面严肃。

这种宴请的目的,其实并不在吃肉喝酒,而是天子与诸侯联络感情,体现以礼治国安邦之意。

燕礼就是宴会,主要是君臣宴礼,在寝宫举行。烹狗而食,酒菜丰盛,尽情吃喝,场面热烈。一般酒过三

《周礼》 儒家经典,西周时期的著名政治家、思想家、文学家、军事家周公旦所著。涉及的内容极为丰富,凡邦国建制,政法文教,礼乐兵刑,赋税度支,膳食衣饰,寝庙车马,农商医卜,工艺制作,各种名物、典章、制度,无所不包。堪称为上古文化史之宝库。

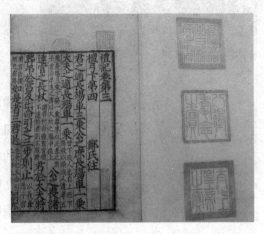

■ 古籍《礼记》中记载了酿酒技术

巡之后，可觥筹交错，尽欢而散。

在地方一级，还有一种叫乡饮酒礼，也是从周代开始流行的。乡饮酒礼是地方政府为宣布政令、选拔贤能、敬老尊长、甄拔长艺等举行的酒会礼仪。一般在各级学校中举行。主持礼仪的长官站在校门口迎接来宾，入室后按长幼尊卑排定座次，开始乡饮酒礼。

在敬酒献食过程中，首先要饮一种"元酒"，是一种从上古流传下来的粗制黄酒，以此来警示人们不能忘记先辈创业的艰辛。之后，才能饮用高档一点的黄酒。

周代乡饮习俗，以乡大夫为主人，处士贤者为宾。饮酒，尤以年长者为优厚。《礼记·乡饮酒义》中说：

> 乡饮酒之礼：六十者坐，五十者立侍以听政役，所以明尊长也。六十者三豆，七十者四豆，八十者五豆，九十者六豆，所以明养老也。

引文中的"豆"，指的是一种像高脚盘一样的盛肉类食物的器皿。这段话的意思是说，乡饮酒的礼仪，60岁的坐下，50岁的站立陪侍，来听候差使，这是用以表明对年长者的尊重。给60岁

> **豆** 我国先秦时期的食器和礼器。像高脚盘，作为礼器常与鼎、壶配套使用，构成了一套原始礼器的基本组合，成为随葬用的主要器类，常以偶数组合使用。大汶口遗址出土过流行于春秋战国时期的陶豆。开始用于盛放谷物，后用于盛放腌菜、肉酱等调味品。

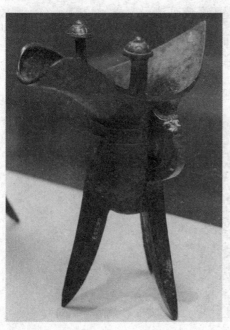

■ 东周时期青铜酒器

■ 古代用来宴饮的黄酒

的设菜肴3豆，70岁的4豆，80岁的5豆，90岁的6豆，这是用以表明对老人家的尊重。

乡饮酒礼的意义要在于序长幼，别贵贱，以一种普及性的道德实践活动，成就敬长养老的道德风尚，达到德治教化的目的。周代形成的乡饮酒礼，是尊老敬老的民风在以酒为主体的民俗活动中的生动显现，也是酒道礼仪形成的重要标志，对后世产生了深远影响。

阅读链接

黄酒是我国汉族的民族特产，从汉代到北宋，是我国传统黄酒的成熟期。黄酒属于酿造酒，它与葡萄酒和啤酒并称为世界三大酿造酒，在世界上占有重要的一席。酿酒技术独树一帜，成为东方酿造界的典型代表和楷模。

事实上，黄酒是我国古代唯一的国酒。周代之后，历代皇帝遵循古传遗风，在飨燕之礼的基础上，又增加了许多宴会，如元旦大宴、节日宴、皇帝诞辰宴等。地点改在园林楼阁之中，气氛也轻松活泼了许多。而宴会上使用的酒只有黄酒。

春秋战国时的酒与英雄

春秋战国时期,由于铁制工具的使用,生产技术有了很大的改进。当时的农民生产积极性高,"早出暮归,强乎耕稼树艺,多取菽粟",致使财富大为增加,为酒文化的进一步发展提供了物质基础。

春秋时期,越王勾践被吴王夫差战败后,为了实现"十年生聚,

■周代盛酒用的瓷盂

十年教训"的复国大略,下令鼓励人民生育,并用酒作为生育的奖品:生丈夫,二壶酒,一犬;生女子,二壶酒,一豚。豚就是猪。

勾践以酒奖励生育,有两方面的作用,一是作为国君的恩施,使百姓感激国君,听从国君;二是作为对产妇的一种保健用品,帮助催奶和恢复产妇的体能,有利于优育。因此,以酒作为产妇的保健用品一直沿用至今。

公元前473年,勾践出师伐吴雪耻,三军师行之日,越国父老敬献一坛黄酒为越王勾践饯行,祝越王旗开得胜,勾践"跪受之",并投之于上流,令军士迎流痛饮。士兵们感念越王的恩德,同仇敌忾,无不用命,奋勇杀敌,终于打败了吴国。

秦相吕不韦的《吕氏春秋》也记载了这件事。越王勾践以酒来激发军民斗志的故事,千百年来一直为酒乡人所传颂。

酒是高尚的材料,是美妙而奇特的物质,它怡神,能在人们的社会生活中显现出特殊的作用。古人常拿它作激励斗志的物品。同是浙江的另一酒乡嘉善,也有一个与酒有关的故事:

相传在春秋战国时期,吴国大将伍子胥曾驻扎嘉善一带,并自南至北建立了几十里防线,准备与越国

■越王勾践塑像

《吕氏春秋》 亦称《吕览》,是秦国丞相吕不韦集合门客共同编撰的一部杂家名著。注重博采众家学说,以儒、道思想为主,并融合进墨、法、兵、农、纵横、阴阳等各家思想。吕不韦自己认为其中包括了天地万物古往今来的事理,所以号称《吕氏春秋》。

> 《酒谱》成书于宋仁宗时期，杂取有关酒的故事、掌故、传闻计14题，包括酒的起源，酒的名称，酒的历史，名人酒事，酒的功用、性味、饮器、传说，饮酒的礼仪，关于酒的诗文等，内容丰实，多采"旧闻"，且分类排比，一目了然，可以说是对北宋以前我国酒文化的汇集。

进行一场大战。

嘉善处在吴越之间，是有名的鱼米之乡，而酒是当地的特产。每次出征或前线凯旋，将士们都喜欢豪饮。日久天长，营盘外丢弃的桃汁酒瓶堆积如山，蔚然成景。嘉善县城南门的瓶山是其中最为著名的一处，后被邑人列为"魏塘八景"之一。

此外，在北宋《酒谱》中还记载：战国时，秦穆公讨伐晋国，来到河边，秦穆公打算犒劳将士，以鼓舞将士，但酒醪却仅有一盅。有人说，即使只有一粒米，投入河中酿酒，也可使大家分享。于是秦穆公将这一盅酒倒入河中，三军饮后都醉了。

从商周至春秋战国时期，特别是北方的游牧民族，酒器主要以青铜制品为主，酿酒技术已有了明显的提高，酒的质量随之也有了很大的提高。

当时饮酒的方法是：将酿成的酒盛于青铜罍壶之

■ 青铜斛酒杯

中，再用青铜勺挹取，置入青铜杯中饮用。

河南平山战国中山王的墓穴中，发现有两个装有液体的铜壶，这两个铜壶分别藏于墓穴东西两个库中。外形为一扁一圆。东库藏的扁形壶，西库藏的圆形壶。两个壶都有子母口及咬合很紧的铜盖。该墓地势较高，室内干燥，没有积水痕迹。

■ 中山王墓出土的青铜壶

将这两个壶的生锈的密封盖打开时，发现壶中有液体，一种青翠透明，似现在的竹叶青；另一种呈黛绿色。两壶都锈封得很严密，启封时，酒香扑鼻。

中山王墓穴的这两种古酒储存了2000多年，仍然不坏，有力地证明了战国时期，我国的酿酒技术经发展到了一个很高的水平，令人惊叹不已。

春秋战国时期的文学作品中，对酒的记载很多。如孔子《论语》："有酒食先生馔，曾是以为孝乎。"《诗经·小雅·吉日》："以御宾客且以酌醴。"醴是一种甜酒。

在春秋时代，喝酒开始讲究尊贵等级。《礼记·月令》："孟夏之月天子饮酎用礼乐。"酎是重酿之酒，配乐而饮，是说开盛会而饮之酒。

酎是三重酒。三重酒是指在酒醪中再加二次米曲或再加二次已酿好的酒，酎酒的特点之一是比一般的

禁 我国古代盛酒樽的器座，可分为长方形与方形，有足与无足。其中，有足的称为"禁"，无足的称为"斯禁"。起于西周初年，灭于战国时代。之所以称"禁"，盖因周人总结夏商两代灭亡之因，均在嗜酒无度。

交杯酒 我国婚礼程序中的一个传统礼俗,在古代又称为"合卺"。卺的意思本来是一个瓠分成两个瓢,古语有"合卺而酳",以一瓠分为二瓢谓之卺,婿之与妇各执一片以酒漱口,合卺又引申为结婚的意思。

酒更为醇厚。湖南长沙马王堆西汉古墓出土的《养生方》中,酿酒方法是在酿成的酒醪中分3次加入好酒,这很可能就是酎的酿法。

在《礼记·玉藻》中记载:"凡尊必尚元酒,唯君面尊,唯饷野人皆酒,大夫侧尊用木棜,士侧尊用禁。"尚元酒,带怀古之意,系君王专饮之酒。当时的国民分国人和野人,国人指城郭中人;野人是指城外的人。可见当时让城外的人民吃一般的饭菜,喝普通的酒。木棜、禁是酒杯的等级。

当时青铜器共分为食器、酒器、水器和乐器四大部,共50类,其中酒器占24类。按用途分为煮酒器、盛酒器、饮酒器、贮酒器。此外还有礼器。形制丰富,变化多样,基本组合主要是爵与觚。

■ 封装好的葡萄酒

盛酒器具是一种盛酒备饮的容器。其类型很多,主要有樽、壶、区、卮、皿、鉴、斛、觥、瓮、瓿、彝。每一种酒器又有许多式样,有普通型,有取动物造型的。以樽为例,有象樽、犀樽、牛樽、羊樽、虎樽等。

饮酒器的种类主要有觚、觯、角、爵、杯、舟。不同身份的人使用不同的饮酒器，如《礼记·礼器》篇明文规定："宗庙之祭，尊者举觯，卑者举角。"湖北随州曾侯乙墓中的铜鉴，可置冰贮酒，故又称为冰鉴。

温酒器，饮酒前用于将酒加热，配以勺，便于取酒。温酒器有的称为樽。

战国时期，人们结婚就已经有喝交杯酒习俗，如战国楚墓中彩绘联体杯，即为结婚时喝交杯酒使用的"合卺杯"。

周代燕国酒器旋纹觯

春秋战国时期，酒令就在黄河流域的宴席上出现了。酒令分俗令和雅令。猜拳是俗令的代表，雅令即文字令，通常是在具有较丰富的文化知识的人士间流行。酒宴中的雅令要比乐曲佐酒更有意趣。文字令又包括字词令、谜语令、筹令等。

阅读链接

春秋战国时期的饮酒风俗和酒礼有所谓"当筵歌诗"，"即席作歌"。从射礼转化而成的投壶游戏，实际上是一种酒令。当时的酒令，完全是在酒宴中维护礼法的条规。在古代还设有"立之监""佐主史"的令官，即酒令的执法者，他们是限制饮酒而不是劝人多饮的。

随着历史的发展，时间的推移，酒令愈来愈成为席间游戏助兴的活动，以致原有的礼节内容完全丧失，纯粹成为酒酣耳热时比赛劝酒的助兴节目，最后归结为罚酒的手段。

秦汉时期酒文化的成熟

秦始皇建立秦王朝后,由于政治上的统一,使得社会生产力迅速发展起来,农业生产水平得到了大幅度提高,为酿酒业的兴旺提供了物质基础。

秦始皇为了青春永驻、长生不老,派御史徐福带领童男童女500人,前往东海蓬莱仙岛求取长生不老丹。同时,他还相信以粮食精华制成的酒可以养生获得长寿。

陕西西安车张村秦阿房宫遗址发现有云纹高足玉杯,高14.5厘米。青色玉,杯身呈直口筒状,近底部急收,小平底。杯身纹饰分3层,上层饰有柿蒂、流云纹,中层勾连卷云纹,下层饰流云、如意纹。足上刻有丝束样花纹。

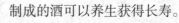
春秋时期的青铜爵

■ 秦始皇举杯祭拜以求仙药

秦王朝是个了不起的帝国，却又是个短命的王朝，这件云纹高足玉杯虽无复杂奇特之处，但它发现于秦始皇藏宝储珍规模庞大的宫殿阿房宫遗址中，是秦始皇或其嫔妃们用过的酒杯，其价值非同一般。

到了汉代，酒的酿造技术已经很成熟。汉代以前的酒曲主要是散曲，到了汉代，人们开始较多地使用块曲即饼曲。后来，制曲又由曲饼发展为大曲、小曲。由于南北地区气候、原料的差异，北方用大曲，即麦曲；南方用小曲，即酒药。

唐代徐坚著的《初学记》是最初记载红曲的文献，其记载说明汉末我国陇西一带已有红曲。红曲的生产和使用是制曲酿酒的一项大发明，标志着制曲技术的飞跃。

在汉代及其以前的很长一段时间里，有一套完整的酿酒工艺路线。如在山东诸城凉台的汉代画像石中有一幅《庖厨图》，图中的一部分为酿酒情形的描

阿房宫 是我国历史上第一个统一的多民族国家秦帝国修建的新朝宫。秦始皇于公元前212年开始建造，意在建成后，成为秦王朝的政治中心，被誉为"天下第一宫"。阿房宫是我国首次统一的标志性建筑，也是华夏民族开始形成的实物标识。

■《庖厨图》画像石

绘，把当时酿酒的全过程都表现出来了。

在《庖厨图》中，一人跪着正在捣碎曲块，旁边有一口陶缸应为浸泡的曲末，一人正在加柴烧饭，一人正在劈柴，一人在甑旁拨弄着米饭，一人负责曲汁过滤到米饭中去，并把发酵醪拌匀的操作。有两人负责酒的过滤，还有一人拿着勺子，大概是要把酒液装入酒瓶。下面是发酵用的大酒缸，都安放在酒垆之中。

《庖厨图》中还表现了大概有一人偷喝了酒，被人发现后，正在挨揍。酒的过滤大概是用绢袋，并用手挤干。过滤后的酒放入小口瓶，进一步陈酿。画面逼真，令人遐想。

秦汉时期，随着酿酒业的兴旺，出现了"酒政文化"。朝廷屡次禁酒，提倡戒酒，以减少五谷的消耗，但是饮酒已经深入民间，因此收效甚微。

汉代，民众对酒的认识进一步加宽，酒的用途扩大。调和人伦、愉悦神灵和祭祀祖先，是汉代酒文化的基本功能，以乐为本是汉人酒文化的精神内核。

秦汉以后，酒文化中"礼"的色彩愈来愈浓，酒礼严格。从汉代开始，把乡饮酒礼当成一种推行教化举贤荐能的重要活动而传承不辍，直至后世。

当时的贵族和官僚将饮酒称为"嘉会之好"，

甑 我国古代蒸食用具，为甗的上半部分，与鬲通过镂空的箅相连，用来放置食物，利用鬲中的蒸汽将甑中的食物蒸熟。单独的甑很少见，多为圆形，有耳或无耳。甑子，蒸米饭等的用具，略像木桶，有屉子而无底。

每年正月初一皇帝在太极殿大宴群臣，"杂会万人以上"，场面极为壮观。太极殿前有铜铸的龙形铸酒器，可容40斛酒。当时朝廷对饮酒礼仪非常重视，"高祖竟朝置酒，无敢喧哗失礼者"。

汉代乡饮仪式仍然盛行，仪式严格区分长幼尊卑，升降拜答都有规定。按照当时宴饮的礼俗主人居中，客人分列左右。大规模宴饮还分堂上堂下以区分贵贱，汉高祖刘邦元配夫人吕雉的父亲吕公当年宴饮，"进不满千钱者坐之堂下"。由此可以看出当时礼仪制度的严格。

这种聚会有举荐贤士以献王室的意义，所以一般选择吉日举行。每年三月学校在祭祀周公、孔子时也要举行盛大的酒会。

当时的乡饮仪式非常受重视，伏湛为汉光武帝的大司徒，曾经奉汉光武帝之命主持乡饮酒礼。

按照汉代的礼俗，当别人进酒时，不让倒满或者一饮而尽，通常认为是对进酒人的不尊重。据说大臣灌夫与田蚡有矛盾，灌夫给他倒酒时被田蚡拒绝了，灌夫因此骂座。

同时，饮酒大量被认为是豪爽的行为，有"虎臣"之称的盖宽饶赴宴迟到，主人责备

> **大司徒** 我国古代官名。《周礼》以大司徒为地官之长。汉元寿年间改丞相为大司徒。东汉时期改称为司徒。北周依据《周礼》而置六官，为地官府之长，以卿任其职。

■汉代酒器

■ 汉代酿酒画像砖

张骞（约前164—前114），字子文，我国汉代卓越的探险家、旅行家、外交家。曾经奉命出使西域，开拓汉王朝通往西域的南北道路，并从西域诸国引进了汗血马、葡萄、苜蓿、石榴、胡麻、芝麻与鸵鸟蛋等等。对"丝绸之路"的开拓有重大贡献。

他来晚了，盖宽饶曰："无多酌我，我乃酒狂。"

还有汉光武帝时的马武，为人嗜酒，豁达敢言，据说他经常醉倒在皇帝面前。

汉代开始有了外来的酒品。公元前138年，西汉外交家张骞奉汉武帝之命出使西域，从大宛带来欧亚种葡萄，此种葡萄是在全世界广为种植的葡萄品种。

据《太平御览》记载，汉武帝时期，"离宫别观傍尽种葡萄"，可见汉武帝对葡萄种植的重视。此时，葡萄的种植和葡萄酒的酿造都达到了一定规模。

西汉中期，中原地区的农民已得知葡萄可以酿酒，并将欧亚种葡萄引进中原。他们在引进葡萄的同时，还招来了酿酒艺人。自西汉开始，我国有了西方制法的葡萄酒。

唐代诗人刘禹锡有诗云："为君持一斗，往取凉州牧。"说的正是这件事。可见凉州葡萄酒的珍贵。

葡萄酒的酿造过程比黄酒酿造要简化，但是由于葡萄原料的生产有季节性,终究不如谷物原料那么方便,因此,汉代葡萄酒的酿造技术并未大面积推广。

由于酿酒原料的丰富,汉代酒的种类众多,有米酒、果酒、桂花酒、椒花酒等。河北满城的刘胜墓中有"稻酒十石""黍上尊酒十五石"等题字的陶缸,说明了酒的种类很多。

汉景帝时的穆生不嗜酒,元王每置酒常为穆生设醴。这里的醴就是一种米酒。

酒在汉代,还有一个别名叫"欢伯",此名出自汉代焦延寿的《易林·坎之兑》。他说,"酒为欢伯,除忧来乐。"其后,许多人便以此为典,作诗撰文。如宋代杨万里在《和仲良春晚即事》诗之四中写道:"贫难聘欢伯,病敢跨连钱。"金代元好问在《留月轩》诗中写道,"三人成邂逅,又复得欢伯;欢伯属我歌,蟾兔为动色。"

"杯中物"这一雅号,则始于东汉名士孔融名言

> **孔融**（153—208），字文举,山东曲阜人,东汉文学家,家学渊源,是孔子的二十世孙。少有异才,勤奋好学,与平原陶丘洪、陈留边让并称俊秀。献帝即位后任北军中候、虎贲中郎将、北海相,称孔北海。"建安七子"之首。

■古代酿酒用的木桶

> 司马相如（约前179—前118），字长卿，我国文化史文学史上杰出的代表，是西汉盛世汉武帝时期伟大的文学家、杰出的政治家。作品辞藻富丽，结构宏大，使他成为汉赋的代表作家，后人称之为赋圣和"辞宗"。他与卓文君的爱情故事也广为流传。

"座上客常满，樽中酒不空"。因饮酒时，大都用杯盛着而得名。

两汉时期，饮酒逐渐与各种节日联系起来，形成了独具特色的饮酒日。

对于普通百姓来说，婚丧嫁娶，送礼待客，节日聚会是畅饮的大好时机，体现了酒在当时的重要性。

在汉代酒还用作实行仁政的工具。汉文帝即位后下诏说：朕初即位，大赦天下，每百户赐给牛一头，酒10石，特许百姓聚会饮酒5天。这是国家对百姓的一种赏赐。因为按照汉代律法规定，3人以上无故群饮酒罚金4两。

酒还用来犒赏军士，刘邦当年进入关中与父老约法三章，"秦民大喜，争持羊酒食献享军士"。汉武帝初置四郡保边塞，"两千石治之，咸以兵马为务酒

■ 汉代酿酒画像砖

病则饮酒

礼之会,上下通焉,吏民通焉"。

当时男女宴饮时可以杂坐,刘邦回故乡时,当地的男女一起在宴会上,"日乐饮极欢"。西汉时供人宴饮的酒店叫"垆",雇佣干活的店员叫"保佣"。当时司马相如与卓文君就在临邛开了一家酒店,当街卖酒。

酒在汉代用于医疗,有"百药之长"的称号。当时有菊花酒、茉莉花酒等药酒。长沙马王堆汉墓中的《养生方》和《杂疗方》中记载了利用药物配合治疗的药酒的方剂。东汉医学家张仲景的《伤寒论》和《金匮要略》中也有大量的记载。

东汉末年的建安年间,大臣曹操将家乡亳州的"九酝春酒"以及酿造方法献给汉献帝刘协,御医认为有健身功效,自此"九酝春酒"成为历代贡品。

"春酒",即春季酿的酒。"九酝",即九"酿",分9次将酒饭投入曲液中。北魏贾思勰《齐民要术》中称,分次酿饭下瓮,初酿、二酿、三酿,最多至十酿,直至发酵停止酒熟止。先酿的发酵对于后酿的饭起着酒母的作用。"九酝春酒"即是用"九酝法"酿造的春酒。一般每隔3天投一次米，分9次投完9斛米。

这"九酝春酒"到了后世，更成了中华名酒古井贡酒。曹操那时就认识到了饮酒"差甘易饮，不病"，而且还曾"青梅煮酒论英雄"，所以他可谓较早将酒文化发挥到极致的先驱。

"九酝春酒"是酿酒史上甚至可以说是发酵史上具有重要意义的补料发酵法。这种方法，后世称为"喂饭法"。在发酵工程上归为"补料发酵法"。补料发酵法后来成为我国黄酒酿造的最主要的加料方法。

汉代之酒道，饮酒一般是席地而坐，酒樽放在席地中间，里面放着挹酒的勺，饮酒器具也置于地上，故形体较矮胖。

当时在我国的南方，漆制酒具流行。漆器成为两汉、魏晋时期的主要类型。漆制酒具，其形制基本上继承了青铜酒器的形制，有盛酒器具、饮酒器具。

饮酒器具中，漆制耳杯是常见的。在湖北省云梦睡虎地11座秦墓中，出土漆耳杯114件，在长沙马王堆一号墓中也出土耳杯90件。

东汉前后，瓷器酒器出现。不管是酿造酒具还是盛酒或饮酒器具，瓷器的性能都超越陶器。

> **阅读链接**
>
> 汉代酿酒开始采用的喂饭法发酵，是将酿酒原料分成几批，第一批先做成酒母，在培养成熟阶段，陆续分批加入新原料，扩大培养，使发酵继续进行的一种酿酒方法。喂饭法的方法在本质上来说，也具有逐级扩大培养的功能。《齐民要术》中记录的神曲的用量很少，正说明了这一点。
>
> 采用喂饭法，从酒曲功能来看，说明酒曲的质量提高了。这可能与当时普遍使用块曲有关。块曲中根霉菌和酵母菌的数量比散曲中的相对要多。由于这两类微生物可在发酵液中繁殖，因此曲的用量没有必要太多，只需逐级扩大培养就行了。

魏晋时期的名士饮酒风

秦汉年间提倡戒酒,到魏晋时期,酒才有了合法地位,酒禁大开,允许民间自由酿酒,私人自酿自饮的现象相当普遍,酒业市场十分兴盛。魏晋时出现了酒税,酒税成为国家的财源之一。

魏文帝曹丕喜欢喝酒,尤其喜欢喝葡萄酒。他不仅自己喜欢葡萄

■ 葡萄酒酿造传统工艺塑像

> **陆机**（261—303），字士衡，他"少有奇才，文章冠世"，与弟陆云俱为我国西晋时期著名文学家，被誉为"太康之英"。陆机还是一位杰出的书法家，他的《平复帖》是存世最早的名人书法真迹。

酒，还把自己对葡萄和葡萄酒的喜爱和见解写进诏书，告之于群臣。他在《诏群臣》中写道：

> 中国珍果甚多，且复为说葡萄。当其朱夏涉秋，尚有余暑，醉酒宿醒，掩露而食。甘而不饴，酸而不脆，冷而不寒，味长汁多，除烦解渴。又酿以为酒，甘于鞠蘖，善醉而易醒。道之固已流涎咽唾，况亲食之邪。他方之果，宁有匹之者。

作为帝王，在给群臣的诏书中，不仅谈吃饭穿衣，更大谈自己对葡萄和葡萄酒的喜爱，并说只要提起"葡萄酒"这个名，就足以让人垂涎了，更不用说亲自喝上一口，此举可谓是空前绝后了。

因为魏文帝的提倡和身体力行，魏国的酿酒业得到了恢复和发展，使得在后来的晋朝及南北朝时期，葡萄酒成为王公大臣、社会名流筵席上常饮的美酒，葡萄酒文化日渐兴起。

西晋文学家、书法家陆机在《饮酒乐》中写道：

> 葡萄四时芳醇，琉璃千钟旧宾。
> 夜饮舞迟销烛，朝醒弦促催人。
> 春风秋月恒好，欢醉日月言新。

■ 魏文帝曹丕像

■ 葛洪（284—364），为东晋道教学者、著名炼丹家、医药学家、藏书家。字稚川，自号抱朴子，汉族，晋丹阳郡句容，今江苏句容人。三国方士葛玄之侄孙，世称小仙翁。他曾受封为关内侯，后隐居罗浮山炼丹。主要著作有《抱朴子》《金匮药方》《肘后方》和《西京杂记》等。《肘后方》最早记载天花病症候及诊治。

西晋哲学家、医药学家葛洪的《肘后备急方》中，有不少成方都夹以酒。葛洪主张戒酒，反而治病又多用酒，是否有些矛盾？其实不然，他主张用酒要适量，以度为宜。

魏晋之际，大氏族中很多人为了回避现实，往往纵酒佯狂。当时会稽为大郡，名士云集，风气所及，酿酒、饮酒之风盛起。人们借助于酒，抒发对人生的感悟、对社会的忧思、对历史的慨叹。酒的作用潜入人们的内心深处，酒的文化内涵随之扩展。

在魏晋时期，出现了有名的"竹林七贤"，即嵇康、阮籍、山涛、向秀、刘伶、王戎和阮咸。这7位名士处在魏晋易代之际，各有各的遭遇，因对现实不满，隐于竹林，其主要目的就是清谈和饮酒。他们每个人几乎都是嗜酒成瘾，纵酒放任。

据说阮籍听说步兵厨营人善于酿酒，并且贮存美酒三百斛，就自荐当步兵校尉。任职后尸位素餐，唯酒是务。晋文帝司马昭欲为其子求婚于阮籍之女，阮籍借醉60天，使司马昭没有机会开口，于是只得作罢。这些事在当时颇具代表性，对后世影响也很大。

阮咸饮酒不用普通的杯子斟酌，而以大盆盛。有一次，一群猪仔把头伸入大盆，跟阮咸一起痛饮起来。

■ 竹林七贤

中国酒道 酒历史酒文化的特色

嵇康（224—263），字叔夜，三国时期著名思想家、音乐家、文学家、玄学家，又通绘画、书法。与阮籍等竹林名士共倡玄学新风，为"竹林七贤"的精神领袖。他曾娶曹操曾孙女为妻，官曹魏中散大夫，世称嵇中散。

"竹林七贤"中最狂饮的当属刘伶，他将饮酒可谓发挥到了一个顶峰。刘伶不仅人矮小，而且容貌极丑陋。但是他性情豪迈，胸襟开阔，不拘小节，平常不滥与人交往，沉默寡言，对人情世事一点儿都不关心，只与阮籍、嵇康很投机，遇上了便有说有笑。

据《晋书·刘伶传》记载，刘伶经常乘着鹿车，手里抱着一壶酒，命仆人提着锄头跟在车子的后面跑，并说道："如果我醉死了，便就地把我埋葬了。"他嗜酒如命，放浪形骸由此可见。

有一次，刘伶喝醉了酒，跟人吵架，对方生气地卷起袖子，挥拳要打他。刘伶镇定地说："你看我这细瘦的身体，哪有地方可以安放老兄的拳头？"对方听了不禁笑了起来，无可奈何地把拳头放下了。

刘伶有一次酒瘾大发，向妻子讨酒喝，他妻子把酒倒掉，砸碎酒具，哭着劝他："你酒喝得太多了，

不是保养身体的办法,一定要把它戒掉。"

刘伶说:"好!我不能自己戒酒,应当祈祷鬼神并发誓方行,你就赶快去准备祈祷用的酒肉吧。"

妻子信以为真,准备了酒肉。而刘伶跪着向鬼神祈祷说:"天生刘伶,以酒为名,一次能饮十斗,再以五斗清醒,女人说出的话,切切不可便听。"说罢便大吃大喝起来,一会儿便醉倒了,害得妻子痛心大哭。因此,后人多把酗饮放纵的人比作刘伶。

刘伶还写了一篇著名的《酒德颂》,大意是:自己行无踪,居无室,幕天席地,纵意所如,不管是停下来还是行走,随时都提着酒杯饮酒,唯酒是务,焉知其余。其他人怎么说,自己一点儿都不在意。别人越要评说,自己反而更加要饮酒,喝醉了就睡,醒过来也是恍恍惚惚的。于无声处,就是一个惊雷打下来,也听不见。面对泰山视而不见,不知天气冷热,也不知世间利欲感情。

东晋时的大诗人陶渊明也是极好饮酒之人。他曾说过:"平生不止酒,止酒情无喜。暮止不安寝,晨止不能起。"

陶渊明曾做过几次小官,最后一次是做彭泽令。上任后,就叫县吏替他种下糯米等可以酿酒的作物。晚年,因生活贫困,他常靠朋友周济或借贷。可是,当他的好友、始安郡太守颜延之来看他,留下两万钱后,他又将钱全部送到酒家,陆续取酒喝了。

据北魏《洛阳伽蓝记·城西法云寺》中记载,北魏时的河东人有个叫刘白堕的人善于酿酒,在农历六月,正是天气特别热的时候,用瓮装酒,在太阳下暴晒。经过10天的时间,瓮中的酒味道鲜美令人醉,一个月都不醒。京师的权贵们多出自郡登藩,相互馈赠此酒都得逾越千里。因为酒名远扬,所以号"鹤觞",也叫骑驴酒。

有一次,青州刺史毛鸿宾带着酒到藩地,路上遇到了盗贼。这些盗贼饮了酒之后,就醉得不省人事了,于是全部被擒获。因此,当时的人们就戏说:"不怕张弓拔刀,就怕白堕春醪。"从此后,后人便以"白堕"作为酒的代称了。

魏晋时期,开始流行坐床,酒具变得较为瘦长。此外,魏晋南北朝时出现了"曲水流觞"的习俗,把酒道向前推进了一步。

曲水流觞，出自晋朝大都市会稽的兰亭盛会，是我国古代流传的一种高雅活动。兰亭位于浙江绍兴，晋朝贵族高官在兰亭举行盛会。农历三月，人们举行袚禊仪式之后，大家坐在河渠两旁，在上流放置酒杯，酒杯顺流而下，停在谁的面前，谁就取杯饮酒。

东晋永和九年，即353年农历三月初三上巳日，晋代有名的大书法家、会稽内史王羲之偕军政高官亲朋好友谢安、孙绰等42人，在兰亭修禊后，举行饮酒赋诗的"曲水流觞"活动。

袚禊 古代祭名，源于"除恶之祭"。古代于春秋两季，有至水滨举行袚除不祥的祭礼习俗，或濯于水滨，或秉火求福。春季常在三月上旬的巳日，并有沐浴、采兰、嬉游、饮酒等活动。三国魏以后定为三月初三日。

当时，王羲之等人在举行修禊祭祀仪式后，在兰亭清溪两旁席地而坐，将盛了酒的极轻的羽觞放在溪中，由上游浮水徐徐而下，经过弯弯曲曲的溪流，觞在谁的面前打转或停下，谁就得即兴赋诗并饮酒。

在这次游戏中，有11人各成诗两篇，15人各成诗一篇，16人作不出诗，各罚酒3觥。王羲之将大家

■ 刘伶醉酒浮雕

古老的绍兴黄酒

的诗集起来，用蚕茧纸、鼠须笔挥毫作序，乘兴而书，写下了举世闻名的《兰亭集序》，被后人誉为"天下第一行书"，王羲之也因之被人尊为"书圣"。

晋时，出现了一种新的制曲法，即在酒曲中加入草药。晋代人嵇含的《南方草木状》中，就记载有制曲时加入植物枝叶及汁液的方法，这样制出的酒曲中的微生物长得更好，用这种曲酿出的酒也别有风味。后来，我国有不少名酒酿造用的小曲中，就加有中草药植物，如白酒中的白董酒、桂林三花酒、绍兴酒等。

魏晋南北朝时，绍兴黄酒中的女儿红已有名，这时期很多著作为绍兴黄酒流传后世奠下了基础。嵇含的《南方草木状》不只记载了黄酒用酒曲的制法，还记载了绍兴人为刚出生的女儿酿制花雕酒，等女儿出嫁再取出饮用的习俗。

阅读链接

在南北朝时，绍兴黄酒的口味也有了重大变化，经过一千多年的演进，绍兴黄酒已由越王勾践时的浊醪，变为一种甜酒。南朝梁元帝萧绎所著的《金缕子》，书中提到"银瓯一枚，贮山阴甜酒"，其中山阴甜酒中的山阴即今之绍兴。

绍兴酒有悠久的历史，历史文献中绍兴酒的芳名屡有出现。尤其是清人梁章钜在《浪迹三谈》中说，清代时喝到的绍兴酒，就是以这种甜酒为基础演变的。而后世的绍兴酒都略带甜味，由此可知绍兴酒的特有风味在南北朝时就已经形成。

借酒感怀 诗酒流芳

唐代是我国历史上酒与文人墨客的大结缘时期。唐代诗词的繁荣,对酒文化有着促进作用,出现了辉煌的"酒章文化",酒与诗词、酒与音乐、酒与书法、酒与美术、酒与绘画等,相融相兴,沸沸扬扬。

唐代酒文化底蕴深厚,多姿多彩,辉煌璀璨。"酒催诗兴"是酒文化最凝练最高度的体现,酒催发了诗人的诗兴,从而内化在其诗作里,酒也就从物质层面上升到精神层面,酒文化在唐诗中酝酿充分,品醇味久。唐代酒文化已经融入人们的日常生活中。

唐代酿酒技术的大发展

隋文帝统一全国后,经过短暂的过渡,就是唐代的"贞观之治"及100多年的盛唐时期。唐代吸取隋短期就遭灭亡的教训,采取缓和矛盾的政策,减轻赋税,实行均田制和租庸调制,调动了广大农民的生产积极性。再加上兴修水利,改革生产工具,使全国农业、手工业发展非常迅速。

李世民画像

唐代由于疆土扩大,粮食的储积,自然对发展酿酒业提供了前提。再加上唐代文化繁荣,喝酒已不再是王公贵族、文人名士的特权,老百姓也普遍饮酒。

唐高祖李渊、唐太宗李世民都十分钟爱葡萄酒,唐太宗还喜欢自己动手酿制葡萄酒,

■ 古代酿酒工艺落缸

酿成的葡萄酒不仅色泽很好，味道也很好，并兼有清酒与红酒的风味。

据唐代刘肃《大唐新语》记载，唐高祖李渊有一回请客，桌上有葡萄。别人都拿起来吃，只有侍中陈叔达抓到手里便罢，一颗葡萄也舍不得吃。

李渊不禁询问其缘由，陈叔达顿时泪眼迷离，称老母患口干病，就想吃葡萄，但"求之不得"。李渊被其孝心所打动，于是赐帛百匹，让他"以市甘珍"。帛在当时是非常珍贵的。需要用帛换葡萄，而且被称为"甘珍"，足见当时葡萄是多么珍贵。

当时，在长安城东至曲江一带，都有胡姬侍酒之肆，出售西域特产葡萄酒。胡姬，原指胡人酒店中的卖酒女，后泛指酒店中卖酒的女子。在我国魏晋、南北朝一直到唐代，长安城里有许多当垆卖酒的胡姬，她们个个高鼻美目，身体健美，热情洋溢。李白的《少年行》中就有"笑入胡姬酒肆中"的描述。

唐太宗执政时期，他在640年命交河道行军大总

高昌国 古代汉族在西域建立的佛教国家，位于新疆吐鲁番东南之哈喇和卓地方，是古代西域交通枢纽。地当天山南麓的北道沿线，为东西交通往来的要冲，亦为古代新疆政治、经济、文化的中心地之一。唐贞观年间，唐太宗置高昌县，后设安西都护府统之。

■ 储藏葡萄酒的酒窖

管侯君集率兵平定高昌。唐军破了高昌国以后，收集到马乳葡萄的种子在宫苑中种植，并且还得到了酿酒的技术。

唐太宗把酿酒的技术作了修改后，酿出了芳香酷烈的葡萄酒，赐给大臣们品尝。这是史书第一次明确记载内地用西域传来的方法酿造葡萄酒。

唐时，我国除了自然发酵的葡萄酒，还有葡萄蒸馏酒，也就是白色白兰地，即出现了烧酒。烧酒是为了提高酒度，增加酒精含量，在长期酿酒实践的基础上，利用酒精与水的沸点不同，蒸烤取酒的方法。蒸馏酒的出现，是酿酒史上一个划时代的进步。

唐太宗在破高昌国时，得到过西域进贡的蒸馏酒，故有"唐破高昌始得其法""用器盛取滴露"的记载，说明唐代已出现了烧酒。

唐代，国境的西北和西南两大地区几乎同时出现

白兰地 以水果为原料，经发酵、蒸馏制成的酒。通常所称的白兰地专指以葡萄为原料，通过发酵再蒸馏制成的酒。而以其他水果为原料，通过同样的方法制成的酒，常在白兰地酒前面加上水果原料的名称以区别其种类。

白酒蒸馏技术。因此，在唐代文献中，出现了烧酒、蒸酒之名。

唐代武德年间，有了"剑南道烧春"之名，据当时的中书舍人李肇在《唐国史补》中记载，闻名全国的有13种美酒，其中就有"荥阳之土窖春"和"剑南之烧春"。

"春"是原指酒后发热的感受，在唐代普遍称酒为"春"。早在《诗经·豳风·七月》中就有"十月获稻，为此春酒，以介眉寿"的诗句，故人们常以"春"作为酒的雅称，因此"剑南之烧春"指的就是绵竹出产的美酒。

779年，"剑南烧春"被定为皇室专享的贡酒，记于《德宗本纪》，从而深为文人骚客所称道。

相传，大诗人李白为喝此美酒，曾在绵竹把皮袄卖掉买酒痛饮，留下"士解金貂""解貂赎酒"的佳话。至今，绵竹一带还流传着李白解貂赎酒的故事。

鹅黄酒，传承于唐宋时期。酒体呈鹅黄色，醇和甘爽，绵软悠长，饮后不口干、不上头，清醒快。唐代大诗人白居易有"炉烟凝麝气，酒色注鹅黄""荔枝新熟鸡冠色，烧酒初开琥珀香"之绝美的诗句。

■古代酿酒发酵工艺

唐代成都人雍陶有诗云："自到成都烧酒热，不思身更入长安。"可见当时的西南地区已经生产烧酒，雍陶喝到了成都的烧酒后，连长安都不想去了。

从蒸馏工艺上来看，唐开元

陈藏器（约687—757），自幼聪慧过人，8岁起随父辈涉外采药，当时就能辨识百草，并且对许多相似药草过目不忘。一生致力钻研本草，调配了大量行之有效的茶疗秘方。纵观我国茶疗文化历史长河，陈藏器犹如一颗明星，照亮后世，造福万年。

年间，陈藏器《本草拾遗》中有"甄气水"，"以气乘取"的记载。

此外，在隋唐时期的遗物中，还出现了只有15毫升至20毫升的小酒杯，如果没有烧酒，肯定不会制作这么小的酒杯。这些都充分说明，唐代不仅出现了蒸馏酒，而且还比较普及。

唐代是一个饮酒浪漫豪放的时代，也是一个酒业发展的繁荣时代。唐代生产的成品酒大致可以分为米酒、果酒和配制酒三大类型。其中谷物发酵酒的产量最多，饮用范围也最广。

唐代的米酒按当时的酿造模式，可分为浊酒和清酒。浊酒的酿造时间短，成熟期快，酒度偏低，甜度偏高，酒液比较浑浊，整体酿造工艺较为简单；清酒的酿造时间较长，酒度较高，甜度稍低，酒液相对清澈，整体酿造工艺比较复杂。

■ 酿酒蒸馏工艺

■ 储藏白酒的坛子

浊酒与清酒的差异自魏晋以来就泾渭分明，人们划分谷物酒类均以此为标准。在《三国志·魏书·徐邈传》中有这样的记载："平日醉客，谓酒清者为圣人，浊者为贤人。"

唐代时，白酒指的是浊酒。清酒的酒质一般高于浊酒。唐代的酿酒技术虽然比魏晋时有了很大提高，但是对浊酒与清酒的区分未变。

唐时，米酒的生产以浊酒为主，产量多于清酒。浊酒的工艺较为简单，一般乡镇里人都能掌握。唐代诗人李绅的《闻里谣效古歌》："乡里儿，醉还饱，浊醪初熟劝翁媪。"罗邺《冬日旅怀》中有"闲思江市白醪满"之诗句。浊醪、白醪，均指浊酒。

浊酒的汁液浑浊，过滤不净，米渣又漂在酒水上面犹如浮蚁，因而唐人多以"白蚁""春蚁"等来

李绅（772—846），字公垂，唐赵国公，诗人。与元稹、白居易交游甚密，他一生最闪光的部分在于诗歌，他是在文学史上产生过巨大影响的新乐府运动的参与者。著有《悯农》诗两首，脍炙人口，妇孺皆知，千古传诵。

■ 古代的白酒

形容浊酒。如白居易《花酒》:"香醅浅酌浮如蚁。"翁绶《酒》:"无非绿蚁满杯浮。"陆龟蒙《和袭美友人许惠酒以诗征之》:"冻醪初漉嫩和春,轻蚁漂漂杂蕊尘。"这些诗句都描写了浊酒的状态。

在唐代文学作品中常见"白酒"一词,但指的不是白色酒,也不是后世概念上的白酒,而是浊酒。唐人常以酿酒原料为酒名,凡用白米酿制的米酒,就称之为白酒,或称白醪。

李频《游四明山刘樊二真人祠题山下孙氏店》:"起看青山足,还倾白酒眠。"司马扎《山中晚兴寄裴侍御》:"白酒一樽满,坐歌天地清。"袁皓《重归宜春偶成十六韵寄朝中知己》:"殷勤倾白酒,相劝有黄鸡。"吟咏的均为白米酿造的酒。

清酒因酿造工艺复杂,所以酿造者较少。不过唐诗中对清酒仍有描述。如刘禹锡《酬乐天偶题酒瓮见寄》:"瓮头清酒我初开。"曹唐《小游仙诗》:"洗花蒸叶滤清酒。"

"清"是唐人判别酒质的一个重要标准,"好酒浓且清",酒清者自然为上品。诗仙李白有名句"金樽清酒斗十千,玉盘珍馐直万钱"。虽有些夸张,但却说明清酒的贵重。白居易甚至赞叹清酒液体透明,

刘禹锡(772—842),字梦得,曾任唐朗州司马、连州刺史、夔州刺史、和州刺史、主客郎中、礼部郎中、苏州刺史等职,最后一任是太子宾客,故后世题他的诗文集为《刘宾客集》。被誉为中唐"诗豪",是中唐杰出的政治家、哲学家、诗人和散文家。

有"樽里看无色，杯中动有光"之语。清酒大概从唐代传到日本后，成为日本清酒。

至中唐，随着经济中心的南移，南方经济迅速发展，出现了红曲酿酒的迹象。红曲是一种高效酒曲，它以大米为原料，经接曲母培养而成，含有红曲霉素和酵母菌等生长霉菌，具有很强的糖化力和酒精发酵力，这是北方粟米、麦麸所无法比拟的。

唐人酿酒通常重视用曲的作用，酿酒用"酿米一石，曲三斗，水一石"。酿酒投料的比例基本上沿袭《齐民要术》所载的北朝酿酒法。发酵时间从数日至数月不等。这种短期发酵只能用于酒度较低的浊酒。

唐代文学家陆龟蒙《酒瓮》描写了曲蘖发酵过程，诗曰：

> 候暖曲蘖调，覆深苫盖净。
> 溢出每淋漓，沉来还瀎潆。

当然，唐人也经常酿制一些酝期较长的优质酒。唐初诗人王绩《看酿酒》说"从来作春酒，未省不经年"，就强调了延长酿酒发酵期。酝期的延长，说明了在发酵技术上有所提高。

红曲酿造压榨出酒液装入酒坛、酒瓮"收酒"后，由于酒液内仍然保留着许多酒渣，因而会

陆龟蒙（？—881），字鲁望，唐朝文学家、农学家、藏书家。年轻时豪放，通"六经"大义，尤精《春秋》。他与皮日休为友，世称"皮陆"，诗以写景咏物为多，是唐代"隐逸派"诗人的代表。

■宫廷专供酒

罗隐（833—909），字昭谏，唐末五代时期的一位著名的道儒兼修的道家学者，著有《谗书》及《太平两同书》等。罗隐的思想属于道家，力图糅合道儒两家思想而提炼出了一套供统治者所采用的"太平匡济术"，是黄老思想复兴发展的历史产物。

导致酒液变酸，味道钻鼻折肠、嗅觉难闻。唐人想出了运用加灰法解决这一难题，即在酿酒发酵过程中最后时，往酒醪中加入适量石灰以降低酒醪的酸度，避免出现酒酸后果。

发酵酒成熟后，酒醪与酒糟混于一体，必须通过取酒这一环节，才能收取纯净的酒。唐人取酒方法，一是器具过滤，用竹篾编织过滤酒醪的酒器非常简易；二是槽床压榨。槽床又叫糟床、酒床。酒瓮发酵好的酒醪，要连糟带汁倾入槽床，压榨出后流滴接取酒液。

晚唐道家学者罗隐《江南》有云："夜槽压酒银船满"，陆龟蒙《看压新醅寄怀袭美》"晓压糟床渐有声"，指的都是这种槽床压榨。李白《金陵酒肆留别》诗曰："风吹柳花满店香，吴姬压酒劝客尝。"其中"压酒劝客"就是将酒糟压榨掉，再请客人喝。杜甫《羌村三首》诗曰："赖知禾黍收，已觉糟床注。"糟床就是用来压榨过滤酒糟的。

过滤后的生酒或称为生醅，即可饮用。但生酒中会继续产生酵变反应，导致酒液变质。为此，唐人给生酒进行加热处理，这是古代酿酒技术的一大突破。

早在南北朝以前，酿酒业中未认真采用加热技术，因而酒类

■ 酿酒发酵工艺

■酿酒发酵工艺

酸败的现象很常见。至唐代,人们掌握了酒醅加热技术后,酒质不稳定情况大为改观,从此生酒与煮酒有了明显区别,新酒煮醅由此有了"烧"的工艺,烧酒由此产生。

在唐代,酒还有了"曲生""曲秀才"的拟称。据郑綮在《开天传信记》中记载,唐代道士叶法善,居住在玄真观。有一天,有十余位朝中的官员来拜访。大家纷纷解开衣带准备逗留休息一番,坐下来好好地喝喝酒。

突然,有一个少年傲慢地走了进来,自称是"曲秀才",开始高声谈论,令人感到吃惊。过了好一会儿,少年起身,如风一般旋转起来,不见人影。

叶法善以为是妖魅,等待曲生再来时,秘密地用小剑击打之。曲生即化为酒瓶,里面装满了美酒。客人们大笑着饮起酒来,酒味甚佳。

后来,人们就以"曲生"或"曲秀才"作为酒的别称了。

秀才 原本指称才能秀异之士,并不限于饱读经书。及至汉晋南北朝,秀才变成荐举人才的科目之一。唐初科举考试科目繁多,秀才只是其中一科,不久即废。与此同时,秀才也习惯地成了读书人的通称。

历史上嘉善一带的酒作坊，制作黄酒一般选用地下水或泉水。有酒坊制酒取水必到汾湖中央的深水区，而且要在旋涡处舀取。

传说，汾湖底下有多口泉眼，且泉水常年涌出。酿酒业有"水为血，曲是骨"的比喻，而嘉善黄酒的制作历来非常注重用水。后来，"嘉善黄酒"与"绍兴黄酒"成了我国黄酒制造业的并蒂之花。

早在西周时期就已称为"封疆御酒"的房陵黄酒，到了唐代就更加兴盛了。唐中宗李显曾在房陵居住14年，随行的720名宫廷匠人对房县民间酿酒的方法进行改进而成。李显登基后，封房陵黄酒为"黄帝御酒"，故又称"皇酒"。

房陵黄酒属北方半甜型，色玉白或微黄，酸甜可口。黄酒在当地人家中一年四季常备不缺，婚丧嫁娶必不可少。

唐时的饮酒之道，饮酒大多在饭后，正所谓"食毕行酒"，饱食徐饮、欢饮，既不易醉，又能借酒获得更多的欢聚尽兴的乐趣。

唐时，酒肆日渐增多，酒令风行，酒文化融入了当世民众的日常生活中。

烧酒制作工艺

唐人崇尚"美酒盛以贵器"。在唐代时，酒器有了一定的发展，唐代的酒杯形体比过去要小得多，这主要适应当时出现的蒸馏酒。

唐末出现的一种瓷质酒器，喇叭口、短嘴，嘴外削成六角形；腹部硕大，把手宽扁。晚唐执壶颈部加高，嘴延长，孔加大，椭圆形腹上有4条内凹和直线，美观而实用。

同时，唐代由于内地引进了桌子，也就出现了一些适于在桌上使用的酒具，如注子，唐人称为"偏提"，形状似后世的酒壶，有喙、柄，既能盛酒，又可注酒于酒杯中，因而取代了以前的樽、勺酒具。

唐代的酒器

阅读链接

唐代是我国酒文化的高度发达时期，酿酒技术比前代更加先进，酿造业"官私兼营"，酒政松弛，官府设置"良酿署"，是国家的酒类生产部门，既有生产酒的酒匠，也有专门的管理人员。唐代的许多皇帝也亲自参与酿造，唐太宗曾引进西域葡萄酒酿造工艺，在宫中酿造，"造酒成绿色，芳香浓烈，味兼醍醐"。

这些都反映了唐代酿酒技术的高度发达，以及与之相伴的唐代酒风的唯美主义倾向和乐观昂奋的时代精神。唐代酒文化是留给后世的宝贵财富。

美酒催动李白诗情万丈

李白饮酒铜像

唐代最独特的文学便是诗,最流行的饮品便是酒,从而形成了亦诗亦酒的独特的"诗酒文化"。在这之中,大诗人李白以其恃才傲物、洒脱不羁的性格,显露出"平视王侯,笑傲群伦"的气概。

李白的诗创作,多激昂慷慨之歌,少悲凄愁怨之曲,言闺怨者极少,言酒者甚多,大起大落,大开大阖,恣肆汪洋,潇洒奔放,富于极为浓郁的浪漫色彩与独特的艺术风格。李白的名篇《将进酒》,可以充分体现出唐代的诗酒文化:

■ 李白醉归群雕

君不见黄河之水天上来，奔流到海不复回。

君不见高堂明镜悲白发，朝如青丝暮成雪。

人生得意须尽欢，莫使金樽空对月。

天生我材必有用，千金散尽还复来。

烹羊宰牛且为乐，会须一饮三百杯。

岑夫子，丹丘生，将进酒，杯莫停。

与君歌一曲，请君为我倾耳听：

钟鼓馔玉何足贵，但愿长醉不愿醒。

古来圣贤皆寂寞，惟有饮者留其名。

陈王昔时宴平乐，斗酒十千恣欢谑。

主人何为言少钱，径须沽取对君酌。

五花马，千金裘，呼儿将出换美酒，

与尔同销万古愁。

丹丘生 即元丹丘，是唐玄宗时期著名的道教徒之一。他先经梁宋，后游鲁而至蓬莱，然后才南下江东，最后与李白相会越中，李白一生与元丹丘交游计22年之久，其交谊极为殷密，且因元丹丘而结识了当时道教中的"女杰"玉真公主，并与元丹丘、元演先后在随州著名道士胡紫阳处"谈玄"。

鉴湖 原名为镜湖，相传黄帝铸镜于此而得名。鉴湖还有长湖、庆湖、贺家湖、贺监湖等别名。鉴湖水质特佳，驰名中外的绍兴老酒，即用此湖水酿造。鉴湖的湖面宽阔，水势浩渺，泛舟其中，近处碧波映照，远处青山重叠，有如在镜中游之感。

这首诗，除了前两句之外，都没有离开"酒"字，其中很多句子成为千古名句。

李白不仅诗作得好，对酒也是痴迷至极，有"酒中仙"之名。民间流传着许多他与酒的故事：

在一个冬日之夜，前来绍兴镜湖览胜的李白乘舟靠近鉴湖，多时未得杯中尽兴的李白忽然闻到一股幽幽酒香，于是便循着酒香一路寻去。

走着走着，李白来到了一个小酒坊门口，正准备打烊的酒坊主人任老汉热情相迎，请诗仙坐下，随即捧出一瓮美酒，熟练地在一只青瓷碗里倒了八分满。

李白举起碗，却不急着饮，而是深吸了一口气，那迷人的酒香便沿着碗口绵绵不绝地进入鼻孔，达至脏腑，沁人心脾。他不觉双目微闭，未饮先醉了。

李白心想：此酒香味纯正已然领教，不知色泽如何？于是他让任老汉将灯移近了，把酒碗微微倾

■李白饮酒蜡像

斜，定睛端详，但见那酒晶莹透明，光泽暗闪，无一粒悬浮物，亦无沉淀物浮漾，只有极富感染力的琥珀红，不动声色地吊着诗人的胃口。

李白饮酒欲望陡升，遂浅啜一口，轻轻搅动舌头，然后徐徐咽下，一时间，鲜爽、醇厚、甘润，诸般美味喉间涌动，美妙至极。李白越喝越想喝，不觉喝下十多碗。这一夜，任老汉没有合眼，一直守候在大醉的李白身边，眼见着东边的窗口一点点儿亮起来。

■ 李白对酒当歌图

李白大醉醒来后，对酒坊主人任老汉的待客之诚深受感动，又感其酒色纯味正，实乃酒中佳品，于是欣然为名不见经传的小酒坊题写意蕴深厚的招牌"和润坊"，从此生意兴隆，世代相传。

与题写"和润坊"招牌相比，"太白酒"的兴起，则充满了戏剧性。

那是在唐代天宝年间，在汾湖东南的胥塘集市，有一位聪明的酿酒师傅，他酿造的酒不同于当地盛产的黄酒。当地的酒虽醇香，但其色泽为乳白，俗称"三白酒"，而他的酒专用集市东北的"胥亭泉"之水。据说，当时此泉与武水的幽澜泉、丁栅的东泉为嘉善一带最有名气的"三泉"。

汾湖 位于江苏吴江和浙江嘉善交界，古称分湖，是春秋战国时期的吴越分界湖。作为吴文化的发祥地之一，汾湖的文化体现了江南水乡的特色，清扬淳朴的芦墟山歌，是民间传唱的歌谣，属于吴歌的重要支脉，再现了吴地文化的韵味。

■ 李白醉酒图

翰林学士 我国古代官名。学士始设于南北朝，唐初常以名儒学士起草诏令而无名号。唐玄宗时，翰林学士成为皇帝心腹，常常能升为宰相。北宋翰林学士承唐制，仍掌制诰。此后地位渐低，然相沿至明清，拜相者一般皆为翰林学士之职。

此外，这位酿酒师傅酿的酒，要比别人多几道工序，因而酒色泽橙黄透明，醇香浓郁。每到冬酿时节，这里方圆几里酒香弥漫。于是四方顾客遂呼之为"香煞人"。而这位粗通文墨的酿酒师傅总觉得这名字不雅致。

一日，这酿酒师傅抄得李白的《哭善酿纪叟》诗后，觉得诗题中"善酿"二字甚合意，既道出了酒的用水和酿制的工善，又包含了嘉善酿制，于是便给家酿酒取名"善酿酒"。因源于李白，所以民间又称为"太白酒"。

民间称"诗仙"李白素有"斗酒诗百篇"之名，他十分钟爱葡萄酒，甚至在酒醉奉诏作诗时，还忘不了心爱的葡萄酒。

李白被唐玄宗赏识而召入京城长安时，在长安他仍不改嗜酒习气。有一年的春天，唐玄宗与杨贵妃想边赏牡丹边听音乐，但觉乐词太旧，便令乐师速召翰林学士李白进宫，写新歌词再唱。

乐师到了翰林院，院内人说学士一早就已出去喝酒了。乐师只得到长安市内寻找，走着走着，忽听一酒楼上传出狂歌声："三杯通大道，一斗合自然。但得酒中趣，莫为醒者传。"

乐师料定此人必是李白，于是就上楼去请。谁知李白已经酩酊大醉，嘴里边说"我醉欲眠君且去"，边伏案睡着了。乐师无奈地摇了摇头，只得让人抬着李白下楼，再用马驮回玉皇宫。

唐玄宗命人含冷水洒李白，又让李白喝下醒酒汤。李白醒后，又要求皇帝赐酒。唐玄宗说："你刚醒，再喝醉了怎么办？"李白回答："臣是斗酒诗百篇，醉后诗写得更好。"唐玄宗听后，命人赐酒，李白一饮而尽，提笔赋写两首《清平调》。

唐玄宗让乐师们就《清平调》即时演唱，自己也吹笛伴奏。唱完，皇帝又让杨贵妃执七宝杯，赐李白一满杯西域产的葡萄酒。李白又过了一回酒瘾。

李白深深地迷恋色纯味美的葡萄酒，恨不得人生百年，天天都沉醉在葡萄酒里。他在《襄阳歌》中写道："鸬鹚杓，鹦鹉杯，百年三万六千日，一日须倾三百杯。"他幻想着将一江汉水都化为葡萄美酒，每天都喝它300杯，一连喝它100年，也确实要喝掉一江的葡萄酒啊！

唐人饮酒，终于蔚为唐诗的洋洋大观，李白则"酒以酣兴"，其"觞咏"之作，终于成为唐代"酒中诗国"里最璀璨夺目的花朵。

> **阅读链接**
>
> 李白的诗歌是唐代酒文化最凝炼、最高度、最集中的体现。从李白个人来看，酒催发了诗人的诗兴，从而内化在其诗作里，酒也就从物质层面上升到精神层面，成为李白诗的指称符号，甚至成了李白个人的指称符号。后世历代酒家的酒幌、酒旗上乐于题上"太白遗风"四字，这"太白"就是酒，而酒也就是"太白"。
>
> 若没有酒的推波助澜，唐代文化的魅力要逊色很多。有了酒的激荡，才产生了唐代繁荣亢进的酒文化；有了酒的催发，才产生了唐代酒文化的象征性符号"李白"。

唐代繁荣的诗酒文化

唐代是一个酒文化充分发达的国度,"酒催诗兴"是唐朝文化最凝练、最高度的体现。除了典型的诗仙李白外,其他诗人作品中也体现出唐代的诗酒文化。

■ 刺绣饮中八仙

与李白齐名的大诗人杜甫，他的酒诗中最著名的是《饮中八仙歌》，写出了长安城善于饮酒的贺知章、李琎、李适之、崔宗之、苏晋、李白、张旭、焦遂，从王公宰相一直说到布衣平民：

■ 盛唐酒八仙图

知章骑马似乘船，
眼花落井水底眠。
汝阳三斗始朝天，
道逢麹车口流涎，
恨不移封向酒泉。左相日兴费万钱，
饮如长鲸吸百川，衔杯乐圣称世贤。
宗之潇洒美少年，举觞白眼望青天，
皎如玉树临风前。苏晋长斋绣佛前，
醉中往往爱逃禅。李白斗酒诗百篇，
长安市上酒家眠。天子呼来不上船，
自称臣是酒中仙。张旭三杯草圣传，
脱帽露顶王公前，挥毫落纸如云烟。
焦遂五斗方卓然，高谈雄辩惊四筵。

杜甫写8个人醉态各有特点，纯用漫画素描的手法，写他们的平生醉趣，充分表现了他们嗜酒如命、放浪不羁的性格，生动地再现了盛唐时代文人士大夫乐观放达的精神风貌。

盛唐时，人们不仅喜欢喝酒，而且喜欢喝葡萄

贺知章（659—744），字季真，少时就以诗文知名。为人旷达不羁，有"清谈风流"之誉，晚年尤纵，自号"四明狂客"。属于盛唐前期诗人，诗文以绝句见长，除祭神乐章、应制诗外，其写景、抒怀之作风格独特。又是著名书法家。

■ 古人品酒图

酒。因为唐时人们主要喝低度的米酒，但当时普遍饮用的低度粮食酒，无论从色、香、味等方面，都无法与葡萄酒媲美，这就给葡萄酒的发展提供了空间。

盛唐社会稳定，人民富庶，因此帝王、大臣又都喜饮葡萄酒，民间酿造和饮用葡萄酒也十分普遍。这些在当时的诗歌里均有所反映。

如唐代诗人李颀在《古从军行》中写道：

白日登山望烽火，黄昏饮马傍交河。
行人刁斗风沙暗，公主琵琶幽怨多。
野云万里无城郭，雨雪纷纷连大漠。
胡雁哀鸣夜夜飞，胡儿眼泪双双落。
闻道玉门犹被遮，应将性命逐轻车。
年年战骨埋荒外，空见蒲桃入汉家。

李颀（690—751），开元年间进士，曾官新乡县尉；天宝初，流连于长安、洛阳，后辞归故乡隐居。《全唐诗》收录其诗3卷，120余首，《全唐诗续拾》补其诗2首，断句2则。其边塞诗风格豪放，七言歌行尤具特色。

李颀这首《古从军行》写了边塞军旅生活和从军征戍者的复杂感情，借用汉武帝引进葡萄的典故，反映出君主与百姓、军事扩张与经济贸易、文化交流的情况。全诗风格苍劲悲壮。诗的结尾借用葡萄引进的典故，揭示战争后果，虽不加评判但爱憎分明，为这首诗的艺术特色之一。

自称"五斗先生"的王绩不仅喜欢喝酒，还精于品酒，写过《酒经》《酒谱》。他在《题酒店壁》中写道：

> 竹叶连糟翠，葡萄带曲红。
> 相逢不令尽，别后为谁空。

这是一首十分得体的劝酒诗。朋友聚宴，杯中的美酒是竹叶青和葡萄酒。王绩劝酒道：今天朋友相聚，要喝尽樽中美酒，一醉方休！他日分别后，就是再喝同样的酒，也没有兴致了。

唐代的凉州葡萄酒声名远扬，香飘海内外。当时凉州城里遍布酒楼饭舍，处处洋溢美酒之香。

凉州葡萄酒成为皇宫贵戚和士大夫阶层，以及城乡老百姓不可缺少的消费品。关于凉州美酒的名诗、名词、名篇便由此而生。其中，最著名的莫过于王翰的《凉州词》：

> **王翰**（687—726），字子羽，登进士第，举直言极谏，调昌乐尉。初为汝州长史，改仙州别驾。日与才士豪侠饮乐游畋，其诗题材大多是吟咏沙场少年、玲珑女子以及欢歌饮宴等，表达对人生短暂的感叹和及时行乐的旷达情怀。诗音如仙笙瑶瑟，妙不可言。

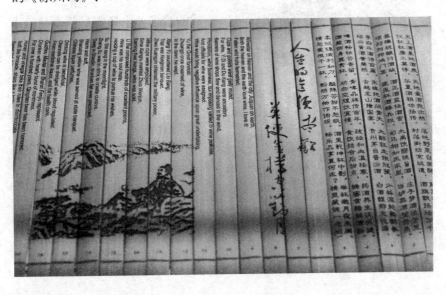

■ 竹简书《酒经》

> 白居易（772—846），字乐天，号香山居士，又号醉吟先生，唐代伟大的现实主义诗人，与李白、杜甫并称为"唐代三大诗人"。白居易与元稹共同倡导新乐府运动，世称"元白"，与刘禹锡并称"刘白"。白居易的诗歌题材广泛，形式多样，语言平易通俗，有"诗魔"和"诗王"之称。

葡萄美酒夜光杯，欲饮琵琶马上催。
醉卧沙场君莫笑，古来征战几人回？

边塞荒凉艰苦的环境，紧张动荡的军旅生活，使得将士们很难得到欢聚的酒宴。这是一次难得的聚宴，酒，是葡萄美酒；杯，则是"夜光杯"。鲜艳如血的葡萄酒，满注于白玉夜光杯中，色泽艳丽，形象华贵。

如此美酒，如此盛宴，将士们莫不兴致高扬，正准备痛饮一番，没想到琵琶奏乐，催人出征。此时此地，琵琶作声，不为助兴，而为催行，谁能不感心头沉重？

■ 王维塑像

这时，座中有人高喊："男儿从军，以身许国，生死早已置之度外。有酒且当开怀痛饮！醉就醉吧，就是醉卧沙场也没有什么丢脸的，自古以来有几人能从浴血奋战的疆场上生还呢！"于是，出征的将士们豪兴逸发，举杯痛饮。明知前途险厄，却仍然无所畏惧，勇往直前，表现出高昂的爱国热情。

在众多的盛唐边塞诗中，这首《凉州词》最能表达当时那种涵盖一切、睥睨一切的气势，以及充满着必胜信念的盛唐精神气度。此诗也作为千古绝唱，永久地载入我国乃至世界酒文化史。

此外，大诗人白居易《六年冬暮赠崔常侍晦叔》中"香开绿蚁酒，暖拥褐绫裘。"还有于816年作于江州的五绝《问刘十九》："绿蚁新醅酒，红泥小火炉。晚来天欲雪，能饮一杯无。"都描述了冬夜饮酒之妙味。

白居易《戏招诸客》中有还有"黄醅绿醑迎冬熟，绛帐红炉逐夜开。"其中"黄醅绿醑"都是酒，诸如此类以酒待客的诗，在白居易作品中还是比较常见的。

■ 白居易画像

在唐代，酒令也发展得更加丰富多彩，白居易便有"筹插红螺碗，觥飞白玉卮"之咏。

杜牧的七绝《江南春》，一开头就是"千里莺啼绿映红，水村山郭酒旗风"。千里江南，黄莺在欢乐地歌唱，丛丛绿树映着簇簇红花，傍水的村庄、依山的城郭、迎风招展的酒旗，尽在眼底。

王维的《送元二使安西》："渭城朝雨浥轻尘，客舍青青柳色新。劝君更尽一杯酒，西出阳关无故人。"写出了借酒送别的场景。

罗隐的《自遣》："得即高歌失即休，多愁多恨亦悠悠。今朝有酒今朝醉，明日愁来明日愁。"写出了人生患得患失不如一醉解千愁的心理。

此外，李商隐的《龙池》"龙池赐酒敞云屏，羯

杜甫（712—770），字子美，自号少陵野老，唐代伟大的现实主义诗人，杜甫在我国古典诗歌中的影响非常深远，被后人称为"诗圣"，他的诗被称为"诗史"。著名作品有"三吏""三别"。

■唐诗人携酒宴饮

鼓声高众乐停。"高适的《夜别韦司士》"高馆张灯酒复清，夜钟残月雁有声。"韩愈的《留卢秦卿》"知有前期在，难分此夜中。无将故人酒，不及石尤风。"寒山的"满卷才子诗，溢壶圣人酒……此时吸两瓯，吟诗五百首。"张说的"醉后乐无极，弥胜未醉时。动容皆是舞，出语总成诗。"诸如此类等等，都在诗文中体现出酒，让后人感受到了唐朝诗酒文化的博大精深。

诗酒的兴盛是唐代酒文化繁荣的表现形式，品酒与品诗词的意境相似，需要一颗平静如水的心，把酒谈诗，穿梭于悠悠历史的长河之中，是何等的惬意与舒畅！

阅读链接

唐代是我国酒文化的高度发达时期，"酒催诗兴"是唐朝文化的重要体现。在杜甫的1400多首诗文中，谈到饮酒的共有300首；李白的1050首诗文中，谈到饮酒的共有170首。后世所存的5万多首唐诗中，直接咏及酒的诗就逾6000首，其他还有更多的诗歌，间接与酒有关。

可以说，唐诗中有一半以上，是酒催生出来的。酒催发了诗人的诗兴，从而内化在其诗作里，酒也就从物质层面上升到精神层面，酒文化在唐诗中酝酿充分，品醇味久。

美酒天下 文化纷呈

宋代酿酒业得到进一步发展,从城市至村寨,酒作坊星罗棋布,其分布之广,数量之众,都是空前的。宋代酒文化比唐代酒文化更丰富,更接近后世的酒文化。

元代的酒品更加丰富,有马奶酒、果料酒和粮食酒几大类,而葡萄酒是果实酒中最重要的一种。在元代,葡萄酒常被元代执政者用于宴请、赏赐王公大臣,还用于赏赐外国和外族使节。同时,由于葡萄种植业和葡萄酒酿造业的大发展,饮用葡萄酒不再是王公贵族的专利,平民百姓也饮用葡萄酒。

异彩纷呈的宋代造酒术

宋代社会发展，经济繁荣，酿酒工业在唐代的基础上得到了进一步的发展。上至宫廷，下至村寨，酿酒作坊，星罗棋布。

宋代的宫廷酒也叫内中酒，实际上宫廷酒是从各地名酒之乡，调集酒匠精心酿制而成的，有蒲中酒、苏合香酒、鹿头酒、蔷薇露酒和

■宋代酿酒工艺图

■ 古老的酒坊

流香酒、长春法酒等。

蒲中指山西境内的蒲州，蒲州酒在北周时候就名扬天下，到隋唐时期经久不衰。宋时宫廷蒲中酒，就是用以前成熟的方法酿造的。

苏合香酒是北宋宫廷内的御用药酒，甚为珍贵。每一斗酒以苏合香丸一两同煮，能调五脏，祛腹中诸病。苏合香丸早在唐代孙思邈《备急千金要方》中就有记载。

鹿头酒一般在宴会快要结束时才启封呈上。

蔷薇露酒和流香酒是南宋皇帝的御用酒。每当皇帝庆寿时，宫中供御酒名蔷薇露酒；赐大臣酒谓之流香酒。

长春法酒是1260年丞相贾秋壑献给宋理宗皇上的酿法。共用30多味名贵中药，采用冷浸法配制而成的药酒。具有"除湿实脾，行滞气，滋血脉，壮筋骨，宽中快膈，进饮食"之功效。

孙思邈（581—682），唐代著名的医师与道士，是我国乃至世界史上伟大的医学家和药物学家，被后人卷为"药王"，也是人们敬仰的"医神"。他重视民间的医疗经验，不断积累走访，及时记录下来，终于完成了他的不朽著作《备急千金要方》。

■ 酿酒用的麦曲

宋代张能臣曾著《酒名记》，是我国宋代关于蒸馏酒的一本名著，列举了北宋名酒223种，是研究古代蒸馏酒的重要史料。其中皇亲国戚家酿酒更为酒中珍品。

《酒名记》中的酒名，甚为雅致，具有博大精深的文化气息。如后妃家的酒名有香泉酒、天醇酒、琼酥酒、瑶池酒、瀛玉酒等；亲王家及驸马家的酒名有琼腴酒、兰芷酒、玉沥酒、金波酒、清醇酒等。

宋代在京城实行官卖酒曲的政策，民间只要向官府买曲，就可以自行酿酒。所以京城里酒店林立，酒店按规模可分为数等，酒楼的等级最高，宾客可在其中饮酒品乐。

当时京城有名的酒店称为正店，有72处，其他酒店不可胜数。由于买酒竞争激烈，酒的质量往往是立足之本。如《酒名记》中罗列的市店和名酒：丰

临安 即杭州，南宋的都城，1129年升杭州为"临安府"，称"临安"。其含义主要有3种说法：一是南宋偏安江南，有"临时安置"之意；二是南宋朝廷感念吴越国王钱镠对杭州的历史功绩，以其故里"临安"为府名；三是寓有"君临即安"之意。

乐楼"眉寿酒"、忻乐楼"仙醪酒"、和乐楼"琼浆酒"、遇仙楼"玉液酒"、会仙楼"玉醑酒"等。

宋代除了京城外，其他城市实行官府统一酿酒、统一发卖的榷酒政策。酒按质量等级论价，酒的质量又有衡定标准。每一个地方，都有代表性名酒。

宋代是齐鲁酿酒业的高潮时期，酒的品种和产量都达到当时全国一流水准，而且名酒辈出，各州皆是。张能臣《酒名记》列举的北宋名酒中齐鲁酒就占了27种。如青州的莲花清酒、兖州的莲花清酒、潍州的重酿酒、登州的朝霞酒、德州的碧琳酒等。另外宋代齐鲁还酿制了许多药酒，如雄黄酒、菊花酒、空青酒等。

北宋和南宋官府，都曾组织过声势浩大、热闹非凡的评酒促销活动。南宋时京都临安有官酒库，每年清明前开煮，中秋前新酒开卖，观者如潮。

宋代的黄酒酿造，不但有丰富的实践，而且有系统的理论。在我国古代酿酒著作中，最系统最完整、最有实践指导意义的酿酒著作，是北宋末期朱肱的《北山酒经》。"北山"即杭州西湖旁的北山，说明此书的材料取自于当时浙江杭州一带。

由于当时朝廷对酿酒极为重视，浙江一带又是我国

> 朱肱（1050—1125），字翼中，号无求子，晚号大隐翁。1088年中进士。他曾在杭州开办酒坊，有着丰富的酿酒经验。他所著《酒经》载有酒曲13种，除传统卷曲外，还出现了风曲和曝曲，作曲全部改用生料，且多加入各种草药，表明北宋时制曲工艺技术比魏晋南北朝时要进步得多。

■宋代进酒图

■ 古代酿酒工艺出酒

黄酒酿造的主要产地,酿酒作坊比比皆是。兴旺发达的酿酒业,使《北山酒经》成为当时实践的总结和理论的概括。

《北山酒经》全书分上、中、下3卷。上卷为总论,论酒的发展历史;中卷论制曲;下卷记造酒,是我国古代较早全面、完整地论述有关酒的著述。

如羊羔酒,也称白羊酒。《北山酒经》详细记载了其酿法。由于配料中加入了羊肉,味极甘滑。

宋代的葡萄酒,是对唐代葡萄酒的继承和发展。在《北山酒经》中,也记载了用葡萄和米混合加曲酿酒的方法。

与南宋同期的金国文学家元好问在《蒲桃酒赋》的序中有这样的故事:山西安邑多葡萄,但大家都

元好问(1190—1257),字裕之,号遗山,唐诗人元结的后裔。他是我国金末元初最有成就的作家和历史学家,是文坛的盟主,宋金对峙时期北方文学的主要代表,又是金元之际在文学上承前启后的桥梁,被尊为"北方文雄""一代文宗"。

不知道酿造葡萄酒的方法。有人把葡萄和米混合加曲酿造，虽能酿成酒，但没有古人说的葡萄酒"甘而不饴，冷而不寒"风味。有一户人家躲避强盗后从山里回家，发现竹器里放的葡萄浆果都已干枯，盛葡萄的竹器正好放在一个腹大口小的陶罐上，葡萄汁流进陶罐里。闻闻陶罐里酒香扑鼻，拿来饮用，竟然是葡萄美酒。

这个真实的故事，说明葡萄酒的酿造是这样简单，即使不会酿酒的人，也能在无意中酿造出葡萄酒。经过晚唐及五代时期的战乱，到了宋朝，真正的葡萄酒酿造方法，差不多已失传。所以元好问发现葡萄酒自然发酵法，感到非常惊喜。

宋代的其他名酒还有浙江金华酒，又名东阳酒，北宋田锡《曲本草》对此酒倍加赞赏；瑞露酒产于广西桂林。南宋诗人范成大曾经写道："及来桂林，而饮瑞露，乃尽酒之妙，声振湖广。"

宋代红曲问世，红曲酒随之发展起来，其酒色鲜红可爱，博得人们青睐，是宋代制曲酿酒的一个重大发明，有消食活血，健脾养胃。治赤白痢，利尿的功效。

宋代水果品种更加丰富，各种水果也广泛应用于酿酒之中。如当时荔枝是一种高档水果，用荔枝酿成的酒，更是果酒中的佼佼者。

苏轼在《洞庭春色赋》序言中写道："安定君王以黄柑酿酒，名

■宋代酿酒工艺图

■ 宋代酒器温碗

之曰洞庭春色。"范成大在《吴郡志》中说:"真柑,出洞庭东西山,柑虽橘类,而其品特高,芳香超胜,为天下第一。"因此,黄柑酒有了较高的知名度。

宋代人喜欢将黄酒温热后饮用,故多用注子和注碗配套组合。使用时,将盛有酒的注子置于注碗中,往注碗中注入热水,可以温酒。

宋代,南方瓷窑多烧制注子和注碗成套的酒具,以景德镇窑青白釉最精,注流细长,宽柄,注身有瓜棱形、多方形,器形多仿金银器式样烧制。宋以后,这种酒具因其轻巧美观实用,乃大行于世。北宋文学家欧阳修为名臣王曾撰墓碑时,其子所送的润笔礼品中,即有注子两把。

宋代湖田窑生产的温碗,以大碗盛热水,将执壶置碗中温酒,风行一时。还有一种"自温壶",为锡制扁形,可盛酒半斤,冬季出远门时,将壶放在怀里,以体温保持酒的温度。

北宋耀州窑出品的倒流瓷壶颇为奇妙。壶高19厘米,腹径14.3厘米,它的壶盖是虚设的,不能打开。在壶底中央有一小孔,壶底向上,酒从小孔注入。小孔与中心隔水管相通,而中心隔水管上孔高于最高酒面。当正置酒壶时,下孔不漏酒。壶嘴下也是隔水

湖田窑 景德镇著名的古窑场。是我国宋、元两代各大制瓷规模最大,延续烧造时间最长、生产的瓷器最精美的古代窑场。遗址保存的遗物非常丰富,历代古窑遍地,有宋末的"马蹄窑",明早中期的"葫芦窑"等。

管，入酒时酒可不溢出。设计颇为巧妙。

宋代九龙公道杯，上面是一只杯，杯中有一条雕刻而成的昂首向上的龙，酒具上绘有8条龙，故称九龙杯。下面是一块圆盘和空心的底座，斟酒时，如适度，滴酒不漏，如超过一定的限量，酒就会通过"龙身"的虹吸作用，将酒全部吸入底座，故称公道杯。还有宋代皇宫中所使用的鸳鸯转香壶，它能在一壶中倒出两种酒来。

宋代，绍兴酒正式定名，并开始大量进入皇宫。宋代把酒税作为重要的财政收入，在官府的倡导下绍兴酿酒事业更上一层楼。

南宋建都临安，即今杭州，达官贵人云集西湖，酒的消费量大涨，卖酒成了一个十分挣钱的行业。绍兴离杭州咫尺之遥，城内也酒肆林立。正如陆游诗云，"城中酒垆千百家"，酿酒业达到了空前的繁荣。

由于大量酿酒，原料糯米价格上涨，南宋初绍兴的糯米价格比粳米高出一倍。糯米贵了，农民就改种粳稻了。当时绍兴农田种糯米的竟占五分之三，到了连吃饭的粮食都置于不顾的地步。这种情况延续到明代，以致出现"酿日行而炊日阻"的形势。

在宋代各类文献记载中，"烧酒"一词出现得更为频繁。

> 范成大（1126—1193），字致能，号称石湖居士。南宋著名诗人，从江西派入手，后学习中、晚唐诗，风格平易浅显、清新妩媚。诗题材广泛，以反映农村社会生活内容的作品成就最高。与杨万里、陆游、尤袤合称南宋"中兴四大诗人"。

■ 宋代酒器

大宋提刑官宋慈在《洗冤录》卷四记载："虺蝮伤人……令人口含米醋或烧酒，吮伤以吸拔其毒。"这里所指的烧酒，应是蒸馏烧酒。

北宋田锡在《麹本草》记载说："暹罗酒以烧酒复烧二次，入珍贵异香，其坛每个以檀香十数斤的烟熏令如漆，然后入酒，腊封，埋土中两三年绝去烧气，取出用之。"从文中可知，暹罗酒是经过反复2至3次的蒸馏而得到的美酒，度数较高，饮少量便醉。

要想得到白酒，必须有蒸馏器，这是获得白酒的重要器具之一。蒸馏方法就是原料经过发酵后，再用蒸馏技术取得酒液。

我国的蒸馏器具有鲜明的民族特征。其釜体部分，用于加热，产生蒸汽；甑体部分，用于醅的装载。在早期的蒸馏器中，可能釜体和甑体是连在一起的，这较适合于液态蒸馏。

蒸馏器的冷凝部分，在古代称为天锅，用来盛冷水，汽则经盛水锅的另一侧被冷凝；酒液收集部分，位于天锅的底部，根据天锅的形状不同，酒液的收集位置也有所不同。如果天锅是凹形，则酒液汇集在天锅正中部位之下方；如果天锅是凸形，则液汇集在甑体环形边缘的内侧。

■ 储藏糯米酒的坛子

制酒蒸馏工艺雕塑

宋人张世南的《游宦纪闻》卷五，记载了蒸馏器在日常生活中的应用情况。这种蒸馏器用于蒸馏花露，可推测花露在器内就冷凝成液态了，说明在甑内还有冷凝液收集装置，冷却装置可能已包括在这套装置中。

宋代蒸馏酒的兴起，我国酿酒历史完成了自然发酵、人工酿造、蒸馏取液3个发展阶段，为后世的酿酒业的兴旺奠定了基础。

阅读链接

宋代有许多关于酒的专著，北宋朱肱的《北山酒经》，是古代学术水平最高的黄酒酿造专著，最早记载了加热杀菌技术；宋代张能臣的《酒名记》，是古代记载酒名最多的书；宋代窦苹的《酒谱》，是古代最著名的酒百科全书。

特别值得提出的是，后世一些名酒，如西凤酒、五粮液、汾酒、绍兴酒、董酒等，大多可在宋代酒诗中找到，或以原料称之，或以色泽呼之，或以产地名之，或以制法言之。这些酒诗，在中华酒文化发展史上，有重要的研究价值。

欧阳修醉翁之意不在酒

欧阳修是宋代著名文学家,他在滁州做太守时,有一天来到琅琊,与一形似吕洞宾的老者开怀畅谈并结为知己。

为了经常相聚一同享受山之乐,欧阳修与这位老者联手在半山腰修了一座凉亭,取名为"醉翁亭"。此后,欧阳修常常与友人在此饮酒赋诗或借酒浇愁。

有一天,欧阳修带些酒食又去游山,途中遇到几位砍柴的百姓和一位教书匠,便邀一同到醉翁亭歇息,一起猜拳共饮。其友人智山听

■ 欧阳修(1007—1072),字永叔,号醉翁、六一居士。北宋卓越的文学家、史学家、政治家。后人又将其与韩愈、柳宗元和苏轼合称"千古文章四大家"。与韩愈、柳宗元、苏轼、苏洵、苏辙、王安石、曾巩被世人称为"唐宋八大家"。

■《醉翁亭记》石屏

说欧阳修上山，也立即上山，但久等未见踪影，便下山来寻。

在醉翁亭外，智山但见欧阳修醉眼微睁，面红耳赤，忙上前问道："太守为何醉成这般？"

欧阳修大笑道："我哪是醉了！百姓之情可醉我，山水之美可醉我，这酒如何使我醉？偶有醉时，就是以酒浇愁，自作糊涂罢了。"说罢又自斟一杯，一饮而尽。稍倾片刻，竟脱口吟出："四十未为老，醉翁偶题篇。醉中遗万物，岂自暴自弃记吾年！"

那位教书先生从席间站起，随即赋诗一首："为政风流乐岁丰，每将公子了亭中。泉香鸟语还依旧，太守何人似醉翁？"

众人不禁哈哈大笑起来，于是刻此诗于碑上，置于醉翁亭中。

欧阳修还专门作《醉翁亭记》，描述由于醉翁亭

太守 原为战国时代郡守的尊称。西汉景帝时，郡守改称为太守，为一郡最高行政长官。历代沿置不改。隋初以州刺史代郡守之任，太守不再是正式官名，仅用作刺史或知府的别称。宋以后，称知府、知州等官为太守。明清则专称知府。

■ 醉翁亭风光

周围山也美，水也美，但重点在描写"醉翁亭"中饮酒之乐：

> 临溪而渔，溪深而鱼肥；酿泉为酒，泉香而酒洌；山肴野蔌，杂然而前陈者，太守宴也。宴酣之乐，非丝非竹；射者中，弈者胜，觥筹交错，坐起而喧哗者，众宾欢也。苍然白发，颓乎其中者，太守醉也。

虽然没有管弦乐器，虽然都是就近钓的鱼，就近拔的野菜，酒也是用附近的泉水酿成的。这样的野餐野味，别有风趣。众宾有下棋的，有投壶的，有坐的，有站的，众宾欢乐，他自己则颓然醉乎其间。写出了国泰民安、祥和的社会风俗。

投壶 春秋战国时期，诸侯宴请宾客时的礼仪之一，就是请客人射箭。主人请客人射箭，客人是不能推辞的。后来，有的客人确实不会射箭，就用箸投酒壶代替。久而久之，投壶成为宴饮时的一种游戏。在唐宋之后得到了发扬光大。

欧阳修不仅散文写得好,他的诗词也写得好。他乘船饮酒游西湖时,其中一首《采桑子》词描绘出了微醉时观景之妙:

> 画船载酒西湖好,急管繁弦,玉盏催传,稳泛平波任醉眠。
> 行云却在行船下,空水澄鲜,俯仰留连,疑是湖中别有天。

乘坐彩绘的游船,听着急管繁弦演奏的音乐,朋友之间行令饮酒,玉盏催传,一醉方休。就是喝醉了,在波平如镜的湖面上,任船漂游,任君醉眠。

欧阳修的另一首《采桑子》,则道出了借酒感慨时光之匆匆流逝:

> 十年前是尊前客,月白风清,忧患凋零,老去光阴速可惊。
> 鬓华虽改心无改,试把金觥。旧曲重听,犹是当年醉里声。

十几年前,欧阳修任滁州太守,徜徉山水之间日子过得像月白风清,很惬意。但转瞬间十几年的

《采桑子》 词牌名,又名《丑奴儿令》《罗敷艳歌》《罗敷媚》。唐教坊大曲有《杨下采桑》,此双调小令,就大曲中截取一段为之。《采桑子》双调,共44字,上下阕各四句三平韵。别有添字格,两结句各添二字,两平韵,一叠韵。

■ 欧阳修雕像

> **《浣溪沙》** 唐代教坊曲名，后用为词牌。分平仄两体，字数以42字居多，还有44字和46字两种。最早采用此调的是唐人韩偓，通常以其词为正体，另有4种变体。全词分两片，上片三句全用韵，下片末二句用韵。此调音节明快，为婉约、豪放两派词人所常用。

光阴已经过去，光阴之快叫人吃惊！老来多病，好友相继过世，忧患凋零，今非昔比。自己虽然鬓发已苍白，但心不老，心像十几年前一样。手把酒杯，重听旧曲，人虽衰老，把酒独酌，情何以堪！

欧阳修非常善于写一些即景抒情的小词，用清丽自然的语言，描写生动优美的风景，借酒抒发委婉深沉的感慨。如《浣溪沙》词：

　　堤上游人逐画船，拍堤春水四垂天。绿杨楼外出秋千。

　　白发戴花君莫笑，六幺催拍盏频传。人生何处似尊前！

词的上阕写景，每句一个动词用得贴切，把景写活了。逐画船的"逐"字，说明春日游人之众；四垂

■ 欧阳修纪念馆

天的"垂"字,说明春水之辽阔;出秋千的"出"字,用得极精湛,"出"字突出了秋千和打秋千的人,具有画龙点睛的作用。

词的下阕写作者在船上欢宴饮酒的场面。白发是欧阳修自指,这样的老人,头上插花,表现出狂放不羁,乐而忘形的狂态。《六幺》是曲名。在画船上,急管繁弦,频频举杯,觥筹交错,人生最快乐的时候,莫过于尊前欢饮了。

醉翁亭旁的醉翁石

欧阳修的一首《渔家傲》词,写采莲姑娘,用荷叶当杯,划船饮酒,写尽了酒给人的生活带来的美好:

花底忽闻敲两桨,逡巡女伴来寻访。酒盏旋将荷叶当,莲舟荡,时时盏里生红浪。

花气酒香清厮酿,花腮酒面红相向。醉倚绿阴眠一晌,惊起望,船头搁在沙滩上。

这首《渔家傲》描写一群采莲姑娘,荡舟采莲时饮酒逗乐,任船漂游,船搁沙滩的快乐情景,十分清新,特别富有生活气息。

北宋名相贾文元当北都太守时,常与欧阳修畅饮。贾文元知道欧阳修饮酒时喜欢听曲,所以预先叮嘱一官妓,准备些好曲子来助兴。不料这官妓闻而不动,再三催促,仍无动于衷,却在宴席上,向欧阳

■欧阳修任滁州太守时期的蜡像

修敬酒祝寿，一曲又一曲地献酒。欧阳修侧耳细听，听完一曲，饮一大杯酒，心情十分痛快。

贾文元感到奇怪，过后一问，才知道官妓所唱的曲，全是欧阳修作的词。

晚年的欧阳修，自称有藏书一万卷，金石遗文1000卷，琴一张，棋一盘，酒一壶，以一翁之身老于此五物之间，故自号"六一居士"，陶醉其间，怡然自乐。可见欧阳修与酒须臾不离。

阅读链接

欧阳修的醉意人生，值得玩味，值得推崇。"醉翁之意不在酒，在乎山水间也。"千百年来，欧阳修的这句话，不知被多少人引用过，寄情山水是我国古代文人的共同选择。山无情，水无意，然而人有情，这山水便有了灵气，有了独特的诗意。欧阳修的醉不是麻醉，不是麻木，不是癫狂，而是心里快慰，心情舒畅。

欧阳修是一个很会自我寻乐的人，是一个很会摆脱自我的人。爱山，爱水，爱民，这就是欧阳修。只要有了爱，就会有快乐，就会有幸福，就会有人喜欢。

苏轼把酒问天与民共享

在宋代,沿袭唐代的诗酒之风,有许多文人名士与酒有关的故事广为流传,除"醉翁之意不在酒"的文坛领袖欧阳修外,还有大名鼎鼎的苏轼。

苏轼出生于一个饮酒世家,祖父、父亲均嗜酒,他也从小养成饮酒的习惯。他曾对人说:"我每天要饮酒作乐,倘若没有酒喝,就会疾病缠身。"

苏轼可以说是我国文人中写酒写得最多的文人。中年之后,他的生活和创作都离不开酒。其中苏轼在徐州的作品约95篇,提

苏轼把酒问青天塑像

■ 古画苏东坡像

苏轼（1037—1101），字子瞻，又字和仲，号东坡居士，宋代重要的文学家，宋代文学最高成就的代表。学识渊博，喜奖励后进。与父苏洵、弟苏辙合称"三苏"。其文纵横恣肆，其诗题材广阔，清新豪健，善用夸张比喻，独具风格。词开豪放一派，又工书画。

到酒的就有35篇。

从历史上看，做过徐州太守的人何其多也，唯有苏轼经常与朋友一起登山临水，寻胜访幽，诗酒唱和，以他生花妙笔描绘了徐州的山山水水，并赋予了神气与灵性。

诗言志，酒载情。在苏轼的诗文中有一个显著的特点，就是借酒抒怀，充分体现了在徐州期间的畅快心情和"乐民之乐、忧民之忧"的爱民思想。"但喜宾客来，置酒花满堂""轻舟弄水买一笑，醉中荡桨肩相摩""醉呼妙舞留连夜，闲作清诗断送秋""从君学种，斗酒时自劳"等都是例证。

苏轼喜欢与村野之人同饮，他与百姓相处得十分融洽。"杖履所及，鸡犬皆相识"。在他看来，"酒"的面前，人人平等，无分贵贱。

在徐州期间，"东坡偕民求雨"的故事被传为佳话。当时，面对徐州"久旱千里赤"的严重旱情，苏轼尊重风俗民情，同百姓一起到城东石潭求雨。苏轼并不迷信祈禳，只不过是尽知州"守土之责"罢了。

说来也巧，不久，徐州真的下了一场喜雨。当苏轼亲眼看到旱情解除、丰收在望、农民喜气洋洋时，满怀深情地写下了著名的《浣溪沙》词五首。其中有"老幼扶携收麦社，乌翔舞赛神村。道逢醉叟卧黄昏"将农村淳朴的风光、老少俱欢的情景，写得生动活泼、亲切感人。

1077年秋，到任还不到半年的苏东坡遇到了百年不遇的黄河决口。当洪水抵达徐州城下时，他奋不顾身，"以身帅之"，亲荷土石，结庐城上，过家门而不入，与民众一道抢救城池。"黄花白酒无人问，日暮归来洗靴袜"，就是当时真实的写照。

抗洪胜利后，苏轼在东门城墙上新建两层高楼，

> **知州** 我国古代官名。宋以朝臣充任各州长官，称"权知某军州事"，简称知州。"权知"意为暂时主管，"军"指该地厢军，"州"指民政。明、清以知州为正式官名，为各州行政长官，直隶州知州地位与知府平行，散州知州地位相当于知县。

■苏轼与百姓共同饮食的场景

取名"黄楼"。在落成典礼这天,苏轼在楼上摆酒设宴,全城万人空巷前来庆贺。苏轼高兴地作了《九日黄楼作》这首诗。在回忆抗洪情景后写道:"岂知还复有今日,把盏对花容一押"。去年抗洪斗争惊心动魄,风雨泥泞;今年与民把酒赏花,优游从容,怎不令人感慨。

1079年七月,苏轼被贬职于黄州。他到黄州后,把贵贱、毁誉、得失,乃至生死,都置之度外。在黄州期间,苏轼常常借酒浇愁,曾写下了一首著名的《临江仙》:

夜饮东坡醒复醉,归来仿佛三更。家童鼻息已雷鸣。敲门都不应,倚杖听江声。

长恨此身非我有,何时忘却营营?夜阑风静縠纹平。小舟从此逝,江海寄余生。

这首词记述苏轼在深秋之夜,开怀畅饮,醉而复醒,醒而复醉,当他回到寓所时已经很晚,仿佛已经三更。他在寓所门口,敲门没人

■糯米酒

■ 古代酒坊

回应，听见家童鼾声如雷，只好拄着拐杖，听大江的流水声。

1090年，苏东坡第二次出任杭州地方官，他发动杭州数万民工疏浚西湖、修筑湖堤、兴修水利。老百姓为感谢苏太守，便把猪肉、绍兴黄酒等送给苏东坡。苏东坡却吩咐家人："把猪肉烧好后，连同黄酒一起送到工地慰劳民工。"

谁知家人误认为将猪肉和黄酒放在一起煮，于是便产生了意想不到的结果：用黄酒炖出来的肉格外香醇味美，竟然别有一番风味！

此事一时传为佳话，消息不胫而走。人们纷纷传颂苏东坡的功德，同时也仿效此烹调技法。从此，"东坡肉"也就成了杭州的传统名菜，名扬四海。

苏轼在惠州时，仍然以酒自娱自乐，并为当地的酒取过名字：家酿酒叫"万户春"，糯米酒叫"罗浮

《临江仙》 唐教坊曲，双调小令，用作词调。又名《谢新恩》《雁后归》《画屏春》《庭院深深》《采莲回》《想娉婷》《瑞鹤仙令》《鸳鸯梦》《玉连环》。此词共60字。至今影响最大的《临江仙》，是明代才子杨慎所作《廿一史弹词》的第三段《说秦汉》的开场词，后被用于电视剧《三国演义》的片头曲歌词。

苏东坡蜡像

春"，龙眼酒叫"桂酒"，荔枝酒叫"紫罗衣酒"，等等。他也自酿酒浆，招人同饮。

苏轼喜爱搜集民间酒方，埋在罗浮山一座桥下，说："将来有缘者喝了此酒能够升仙。"苏轼赞惠州酒好，写信给家乡四川眉山的陆继忠道士，邀他到惠州同饮同乐，称往返跋涉千里也是值得的。他还说饮了此地的酒，不但可补血健体，还能飘飘欲仙。后来，陆道士果真到惠州找他。酒的吸引力之大、浓香之烈，由此可见一斑。

苏轼不仅好饮酒，还喜好酿酒。为了酿酒，他常向农夫、渔夫请教，掌握制饼曲以至酿酒的技术。

苏轼的同僚与下级，"知君俸薄难多辍"，常常自携壶杯去找他。苏轼不仅与酒难舍难分，更与百姓亲密无间。在这真情中，酒成为了友谊的桥梁。

阅读链接

苏轼虽然好饮酒，但他是一个从不酗酒，很有节制的人。他自己说："我饮酒终日，不超过五杯。天下不能饮酒的，不在我的下面。我喜欢欣赏别人饮酒，看到别人举起酒杯，慢慢地喝，我的心胸就广阔无比。似乎也尝到了酒醉的味道，这种味道比饮者本人还强烈。我闲居时，每天都有客人来，客人来了，就用酒招待。"

人们常说："人生最快乐的是身无病，心无忧。"在这一点上，苏轼认为自己确实做到了。由此可见苏轼饮酒的境界。

元代葡萄酒文化的鼎盛

元代勃兴于朔北草原,由于这里地势高寒,蒙古族饮酒之风甚盛,酒业大有发展,酒品种类增加。元代的酒品种,比起前代来要丰富得多。就其使用的原料来划分,就有马奶酒、果料酒和粮食酒几大类,而葡萄酒是果实酒中最重要的一种。

元代蒙古族人宴饮时喝马奶酒

丘处机（1148—1227），字通密，道号长春子，山东栖霞人。宋元之际著名全真道掌教真人，思想家、道教领袖、政治家、文学家、养生学家和医药学家，为南宋、金朝、蒙古帝国统治者以及广大人民群众所共同敬重，并因远赴西域劝说成吉思汗"一言止杀"而闻名世界。

元执政者十分喜爱马奶酒和葡萄酒。据《元史·卷七十四》记载，元世祖忽必烈至元年间，祭宗庙时，所用的牲齐庶品中，酒采用"潼乳、葡萄酒，以国礼割奠，皆列室用之。""潼乳"即马奶酒，这无疑提高了马奶酒和葡萄酒的地位。

在当时元大都宫城制高点的万岁山广寒殿内，还放着一口可"贮酒三十余石"的黑玉酒缸，名为"渎山大玉海"。它用整块杂色墨玉琢成，周长5米，四周雕有出没于波涛之中的海龙、海兽，形象生动，气势磅礴，重达3500千克，可贮酒30石。

据传这口大玉瓮是元始祖忽必烈在1256年从外地运来，置在琼华岛上，用来盛酒，宴赏功臣。元世祖还曾于1291年在宫城中建葡萄酒室，储藏葡萄酒，专供皇帝、诸王、百官饮用。

■ 葡萄酒储酒坛

元代皇帝赏赐臣属，常用葡萄酒。左丞相史天泽

率大军攻宋，途中生病，忽必烈"遣侍臣赐以葡萄酒"。

当时，佳客贵宾宴饮饯行，也常用葡萄酒款待，仅元代道人李志常的《长春真人西游记》中提到用葡萄酒款待长春真人丘处机的记载，就有8次之多。

元代皇室饮用的葡萄酒由新疆供给。新疆是盛产葡萄酒之地，除河中府外，还有忽炭、可失合儿国、邪米思干大城、大石林牙、鳖思马大城、和州、昌八剌城和哈剌火州等地皆酿造葡萄酒。据《元史·顺帝纪》记载：

制作马奶酒的工具

> 西番盗起，凡二百余所，陷哈剌火州、劫供御葡萄酒。

在元政府重视，各级官员身体力行，农业技术指导具备，官方示范种植的情况下，元代的葡萄栽培与葡萄酒酿造有了很大的发展。葡萄种植面积之大，地域之广，酿酒数量之巨，都是前所未有的。当时，除了河西与陇右地区大面积种植葡萄外，北方的山西、河南等地也是葡萄和葡萄酒的重要产地。

为了保证官用葡萄酒的供应和质量，元政府还在太原与南京等地开辟官方葡萄园，并就地酿造葡萄酒。其质量检验的方法也很奇特，每年的农历八月，将各地官酿的葡萄酒取样，运到太行山辨其真伪。真的葡萄酒倒入水即流，假的葡萄酒遇水即被冰冻。

元代，葡萄酒还在民间公开发售。据《元典章》记载，大都地区

■ 葡萄酒酿造工艺

"自戊午年至至元五年,每葡萄酒一十斤数勾抽分一斤";"乃至六年、七年,定立课额,葡萄酒浆只是三十分取一。"大都地区出产葡萄,民间发售的葡萄酒很有可能是本地产的。

元代,葡萄酒深入千家万户之中,成为人们设宴聚会、迎宾馈礼以及日常品饮中不可缺置的饮料。

据记载,元代有一个以骑驴卖纱为生计的人,名叫何失,他在《招畅纯甫饮》中有"我瓮酒初熟,葡萄涨玻璃"的诗句。何失尽管家里贫穷,靠卖纱度日,但是他还是有自酿的葡萄酒招待老朋友。

终生未仕、云游四方的天台人丁复在《题百马图为南郭诚之作》中有"葡萄逐月入中华,苜蓿如云覆平地"的诗句。

元人刘诜多次被推荐都未能入仕,一辈子为穷教

郑允端(1327—1356),字正淑,出生儒学世家,郑氏曾富雄一郡,人们称之为"花桥郑家"。郑允端颖敏工诗词,嫁同郡施伯仁,夫妻相敬如宾,暇则吟诗自遣,后人称之为"女中之贤智者"。其文学批评和文学创作实践业绩皆十分可观。

师，在他的《葡萄》诗中有"露寒压成酒，无梦到凉州"的诗句，说明他也自酿葡萄酒，感受凉州美酒的绝妙滋味。

年仅30而卒的女诗人郑允端，则在《葡萄》诗中写道："满筐圆实骊珠滑，入口甘香冰玉寒。若使文园知此味，露华不应乞金盘。"文园，指的是汉文帝的陵园孝文园。

元政府对葡萄酒的税收扶持，以及葡萄酒不在酒禁之列的政策，使葡萄酒得以普及。同时，朝廷允许民间酿葡萄酒，而且家酿葡萄酒不必纳税。当时，在政府禁止民间私酿粮食酒的情况下，民间自种葡萄、自酿葡萄酒十分普遍。

据《元典章》记载，元大都葡萄酒系官卖，曾设"大都酒使司"，向大都酒户征收葡萄酒税。大都坊间的酿酒户，有起家巨万、酿葡萄酒多达百瓮者。可

汉文帝（前202年—前157年），刘恒，是汉高祖第四子，公元前180年，刘恒在太尉周勃、丞相陈平等大臣拥护下入京为帝，是为汉文帝。汉文帝即位后，他励精图治，兴修水利，衣着朴素，废除了肉刑，使汉朝进入了强盛安定时期。当时百姓富裕，天下小康。汉文帝与其子汉景帝统治时期被合称为文景之治。

■ 葡萄酒蒸馏工艺

见当时葡萄酒酿造已达到相当的规模。

元代酿造葡萄酒的办法与前代不同。以前中原地区酿造葡萄酒，用的是粮食和葡萄混酿的办法，元代则是把葡萄捣碎入瓮，利用葡萄皮上带着的天然酵母菌，自然发酵成葡萄酒。这种方法后来在中原等地普遍采用。

元代中期，诗人周权写了一首名为《葡萄酒》的诗，描绘的就是这种自然发酵酿造葡萄酒的方法：

> 累累千斛昼夜舂，列瓮满浸秋泉红。
> 数宵酝月清光转，浓腴芳髓蒸霞暖。
> 酒成快泻宫壶香，春风吹冻玻璃光。
> 甘逾瑞露浓欺乳，曲生风味难通谱。

周权（1275—1343），字衡之，号此山，周权生得仪表魁梧，气度不凡，又因才华出众，曾受到提举，赴开化任教谕。持所作走京师，学官长袁桷称之为磊落湖海之士，谓其诗意度简远，议论雄深。后回归江南，更专心于诗，唱和日多。

周权在诗中详细、贴切描述葡萄酒酿制过程，并且有"纵教典却鹔鹴裘，不将一斗博凉州"的诗句。

元代后期，曾在朝廷中任职的杨说："尚酝葡萄酒，有至元、大德间所进者尚存。""尚酝"即大都尚酝局，掌酿造诸王、百官酒醴。可知尚酝局中收藏不少贮存期长达半个世纪甚至更久的地方上进贡的葡萄酒。

元代葡萄酒文化逐渐融入文化艺术各个领域。除了大量的葡

■酿酒工具

萄酒诗外，在绘画、词曲中都有表现。比如元末诗人、养生家丁鹤年有《题画葡萄》：

> 西域葡萄事已非，
> 故人挥洒出天机。
> 碧云凉冷骊龙睡，
> 拾得遗珠月下归。

"元四家"中的黄公望也是"酒不醉，不能画"。此外，鲜于枢的《观寂照葡萄》，傅若金的《题墨蒲桃》《题松庵上人墨蒲桃二首》《墨葡萄》，张天英的《题葡萄竹笋图》，吴澄的《跋牧樵子葡萄》等，举不胜举，可见在元代画葡萄和在葡萄画上题诗确实很流行。

在元代众多的葡萄画中，最有名的则要数著名画家温日观的葡萄了。关于温日观作葡萄画的方法，元代曾任浙江儒学提举的郑元佑在《重题温日观葡萄》中有生动的描写：

> 故宋狂僧温日观，醉凭竹舆称是汉。
> 以头濡墨写葡萄，叶叶支支自零乱。

温日观作画的方法很奇特，他先用酒把自己喝醉，然后大呼小叫地将头浸到盛墨汁的盆子里，再以

■ 丁鹤年雕塑

丁鹤年（1335—1424），字永庚，号友鹤山人。元末明初诗人、养生家，京城老字号"鹤年堂"创始人。有《丁鹤年集》传世。著名孝子，以73岁高龄为母守灵达17载，直到90岁去世。《四库全书》中收录有《丁孝子传》和《丁孝子诗》。

自己的头当画笔画葡萄。

有关葡萄和葡萄酒的内容,在元散曲中也多有反映。如杜仁杰在他著的《集贤宾北·七夕》中写道:

　　团圆笑令心尽喜,食品愈稀奇。新摘的葡萄紫,旋剥的鸡头美,珍珠般嫩实。欢坐间夜凉人静已,笑声接青霄内。

元代著名剧作家关汉卿在《朝天子·从嫁媵婢》中写道:"旧酒投,新醅泼,老瓦盆边笑呵呵。"此乃关汉卿曲中的放达境界。

元散曲家张可久存留散曲800多篇,为元人中最多者。他的作品中也有涉及葡萄酒的,且多为清丽秀美之作。他在《山坡羊·春日》中写道:

> 《饮膳正要》
> 元忽思慧所撰,全书共3卷。卷一讲的是诸般禁忌,聚珍品撰。卷二讲的是诸般汤煎,食疗诸病及食物相反中毒等。卷三讲的是米谷品、兽品、禽品、鱼品、果菜品和料物等。该书是我国甚至是世界上最早的饮食卫生与营养学专著,对传播和发展我国卫生保健知识起到了重要作用。

■忽必烈以上等好酒招待马可·波罗

芙蓉春帐，葡萄新酿，一声金缕樽前唱。锦生香，翠成行，醒来犹问春无恙，花边醉来能几场。妆，黄四娘。狂，白侍郎。

此外，张可久在歌唱杭州西湖风光的《湖上即席》中写道：

六桥，柳梢，青眼对春风笑，一川晴绿涨葡萄，梅影花颠倒。药灶云巢，千载寂寥，林逋仙去了。九皋，野鹤，伴我闲舒啸。

元代宴饮壁画

另外，在《酒边索赋》《水晶斗杯》《次韵还京乐》等散曲中也提及葡萄与葡萄酒。

在元代，盛葡萄酒的容器、酒具种类很多，有樽、罂、瓮、琉璃盅等。但在内蒙古地区，主要用鸡腿瓶，因辽、金、元各代墓葬中以鸡腿瓶甚多。鸡腿瓶因瓶身细高形似鸡腿而得名。由于蒸馏技术的发展，元朝开始生产葡萄烧酒，即白兰地。

意大利人马可·波罗在元政府供职17年，他所著的《马可·波罗游记》记录了他本人在供职17年间的所见所闻，其中有不少关于葡萄园和葡萄酒的记载。比如在描述"太原府王国"时则这样记载：

太原府园的都城，其名也叫太原府，那里有好多葡萄园，制造很多的酒，这里是契丹省唯一产酒的地方，酒是从

元代酒瓶酒杯

这地方贩运到全省各地。

元代酿酒的文献资料较多，大多分布于医书、烹饪饮食书籍、日用百科全书、笔记中，主要著作有成书于1330年忽思慧的《饮膳正要》，成书于元代中期的《居家必用事类全集》，元末韩奕的《易牙遗意》和吴继刻印的《墨娥小录》等。

《饮膳正要·饮酒避忌》由大医家、营养学家忽思慧撰。他在书中说："少饮尤佳，多饮伤神损寿。"书中还记述了制作药酒的方法。如：虎骨酒，"以酥灸虎骨捣碎酿酒，治骨节疼痛风痒冷痹痛"；枸杞酒，"以甘州枸杞依法酿酒，补虚弱，长肌肉，益精气，去冷风，壮阳道"等。烧酒创于元代，根据就在这里。

总之，元代葡萄种植业发展和饮用葡萄酒普及，酝酿出浓郁的葡萄酒文化，而葡萄酒文化又浸润着整个社会生活，对后世影响深远。

阅读链接

从元代开始，烧酒在北方得到普及，北方的黄酒生产逐渐萎缩。南方人饮烧酒者不如北方普遍，在南方黄酒生产得以保留。明代医学家、药物学家李时珍在《本草纲目》中记载："烧酒非古法也，自元始创之。"

元代酒窖的确认，是李渡烧酒作坊遗址考古的重大突破。江西李渡酒业有限公司在改造老厂房时，发现地下的元代酿酒遗迹，为我国蒸馏酒酿造工艺起源和发展研究提供了实物资料。专家认为，它完全能说明元代烧酒生产的工艺流程。

酒道嬗变

酒的风俗

　　明清两代可以说是我国历代行酒道的又一个高峰，饮酒特别讲究"陈"字，以陈作酒之姓，"酒以陈者为上，愈陈愈妙"。

　　此外，酒令五花八门，所有世上的事物、人物、花草鱼虫、诗词歌赋、戏曲小说、时令风俗无不入令，且雅令很多，把我国的酒文化从高雅的殿堂推向了通俗的民间，从名人雅士的所为普及为里巷市井的爱好。把普通的饮酒提升到讲酒品、崇饮器、行酒令、懂饮道的高尚境地。

丰富多彩的明代酿酒

明王朝建国后,对发展农业生产十分重视,采取了与民休息的政策,调动了农民的生产积极性,明初至中期,农业、手工业发展迅速,经济发展促进了商业繁荣。与此同时,科学文化也有较大发展。

■仿明代酒馆

■ 明代酒坊场景

这些条件，都为酒的酿造业提供了雄厚的物质基础。

明代，饮酒之风日盛。生来嗜酒的朱元璋得天下后不久，一改之前行军时对酒的禁令，并下令在南京城内外建酒楼十余座。

同时，因江南首富沈万三的慷慨解囊，大举修筑京都城墙，并从全国征集工匠逾10万之众，设十八坊于城内，这十八坊中包括白酒坊及其后的糟坊。后犹嫌不足，又增设糟坊，南京后世仍有糟坊巷的存留。

白酒坊由沈万三亲自操持，为半官方性质的大型工坊。这是一座专用于酿造蒸馏酒的工坊，也就是制造与后世相近的白酒。白酒坊的设立，和之前已有的宫廷酿造不同，它以皇帝指派工程而彪炳于史。

这一时期，南京的官营酒楼、酒肆比比皆是。起初，官营酒楼的主营对象被规定是四方往来商贾，一般百姓难以问津。到明代中后期，饮酒之风开始盛行

沈万三（1330—1376），又名沈万山、沈秀，本名富，字仲荣，世称万三，为明初苏州富商，富可敌国。民间传说沈万三致富的原因是因为"聚宝盆"，说沈氏获得了一只聚宝盆，不管将什么东西放在盆内，都能变成珍宝。

于各阶层之中。

富贵之家自不必说，普通人家以酒待客也成惯俗，甚至无客也常饮，故有"贫人负担之徒，妻多好饰，夜必饮酒"之说。至于文人雅集，无论吟诗论文，还是谈艺赏景，更是无酒不成会。

明代南京官营酒楼鼎盛期间，酒的品类可谓相当丰富，按照酿造者的不同，大致可分以下4种：一是宫廷中由酒醋面局、御酒房、御茶房所监酿之大内酒；二是光禄寺按照大内之方所酿造之内法酒；三是士大夫家的家酿；四是民间市肆酿制之酒。

宫廷所用之酒，多由太监监造，其主要品种有满殿香、秋露白、荷花蕊、佛手汤、桂花酝、竹叶青等，其名色多达六七十种。

明代洪武年间开始允许私营酿酒业的存在，许多品质优秀的黄酒如雨后春笋般呈现在世人面前。明代，后世众多知名黄酒开始发端，呈现出"百酒齐放"之异彩。

金坛封缸酒始于明代，据说当年明太祖朱元璋曾驻跸金坛顾龙山，当地百姓献上以糯米酿造的酒，这种酒就是封缸酒的雏形。朱元

■ 封缸酒

璋饮后大悦，于是命当地官员将饮剩的酒密封埋入地下。

若干年后，朱元璋消灭群雄，登基为帝，金坛当地官员将当年饮剩的酒进贡给朱元璋。经过埋地密封多年的酒更加甘醇，朱元璋遂为之命名"封缸酒"，并列为贡酒，又称朱酒。

金坛封缸酒主要选用洮湖

明代酒器

一带所产优质糯米为原料，该米色白光洁，味蕴性黏，香味四溢。

封缸酒的酿制精湛。首先将糯米淘洗、蒸熟、淋净，然后加入甜酒药为糖化发酵剂，在糖分达到一定要求时，再掺入50度小曲酒，立即封缸。经过较长时间的养醇后，再压榨、陈酿，成为成品。其色泽自然，不加色素，澄清明澈，久藏不浊，醇稠如蜜，馥郁芳香。

明代中期，巴陵地区，即洞庭湖一带的"怡兴祥"酿酒作坊酿制的花雕黄酒，深受当时人们的喜爱。

花雕是绍兴酒的代名词，为历代名人墨客所倾倒的传统名酒。"花雕嫁女"是最具绍兴地方特色的传统风俗之一。

早在晋代，上虞人嵇含最初记录了花雕，他在《南方草木状》中详录说：南方人生下女儿时，便开始大量酿酒，等到冬天池塘中的水干涸时，将盛酒的坛子封好口，埋于池塘中。哪怕到夏日积水满池塘时，也不挖出来。只有当女儿出嫁时，才将埋在原池塘中的酒挖出来，用来招待双方的客人。这种酒称为"女酒"，回味极好。

埋于地下的陈年女酒，由于其储存的包装物为经雕刻绘画过的酒坛，故称"花雕"。女酒花雕是家中女儿出嫁时宴请之美酒，是家中

■乌镇三白酒

竹叶青酒 我国传统保健名酒。以汾酒为"底酒",保留了竹叶的特色,再添加10余种名贵中药材以及冰糖、雪花白糖、蛋清等配伍,精制陈酿而成,使该酒具有性平暖胃、舒肝益脾、活血补血、顺气除烦、消食生津等多种功效。

女儿长大成人的见证。饮花雕之际,乃嫁女之时,这是喜事、美事、福事、乐事。

明中期以后,大酿坊陆续出现,绍兴县东浦镇的"孝贞",湖塘乡的"叶万源""田德润"等酒坊,都创设于明代。"孝贞"所产的竹叶青酒,因着色较淡,色如竹叶而得名,其味甘鲜爽口。湖塘乡的"章万润"酒坊很有名,坊主原是"叶万源"的开耙技工,以后设坊自酿,具有相当规模。

明隆庆、万历以后,士大夫家中开局造酒,蔚然成风。原因是市场所沽之酒不尽符合士大夫"清雅"的品饮要求。以至于南京民间市肆中所售本地及各地名酒更是繁多,已形成一定的市场交易规模。

在嘉善民间,流传着明代画家、监察御史姚绶爱喝"三白酒"的故事:

姚绶辞官返乡后,居住在嘉善大云的大云寺,前来求画的人不少。来的都是客,他用大云农家酿制的一种土酒"三白酒"招待。

有一年,一位从京城来的客人探望姚绶,姚绶陪他坐在一条小船上,在十里蓉溪上游览。澄清的河水,泛起花纹般的微波;水草细长,顺流俯伏,仿佛孩子们的头发在清澈的水里摊开了一样。捕鱼的渔夫，驾一叶小舟，头戴竹笠，腰间拴着竹篓，手握细长的竹篙，吆喝鸬鹚去捕鱼。

蓉溪的美景让这位客人陶醉，更使这位客人陶醉的是三白酒。当他喝了三白酒后，连声说好酒好酒，回京时特地向姚绶要了一坛，带回去献给皇帝。

皇帝品尝后，果然觉得不错，大加赞赏，并问这位大臣："此酒何名，来自何处？"大臣如实相告。皇帝传旨，让姚绶从家乡大云进贡几十罐。可是圣旨到达时，姚绶已经作古了。

辛苦了一年的农民，丰收后见到囤里珍珠般的新米，都会按捺不住心头的喜悦，做一缸三白酒祝贺一下好收成。后来，这更演变成了民间的一种习俗。

三白酒以本地自产的大米为主要原料，首先将大米用大蒸笼蒸煮成饭，盛在淘箩里用冷水淋凉。然后把酒药，拌入饭中，并搅拌均匀，再倒入大酒缸，捋平，在中央挖一个小潭，放上竹篓后将酒缸加盖密

姚 绶（1422—1495），明代官员、书画家。字公绶，号谷庵，少有才名，专攻古文辞，诗赋茂畅。长山水、竹石，宗法元人，受吴镇影响较深。他与杜琼、刘珏、谢缙等明代早期文人画家，为明代中期吴门派的勃兴，起到了承前启后的作用。

三白酒

乌镇三白酒坊

封,并用稻草盖在大缸四周以保持适宜的温度。几天后,酒缸中间的小谭内的竹篓已积满酒酿,此时就将凉开水倒入缸中,淹没饭料,再把酒缸盖严。一周后就可开盖,取出放入蒸桶进行蒸馏,从蒸桶出来的蒸汽经冷却,流出来的就是三白酒了,至此三白酒便酿成了。

每当阳春三月,油菜花盛开时;或是农历十月,桂花飘香,新糯米收获后,乌镇的农家也要酿制三白酒。

在春天油菜花盛开时酿制的三白酒,称为"菜花黄";在桂花飘香时做的酒,农家则称为"桂花黄"。三白酒用蒸好的纯糯米饭加酒药发酵,酒色青绿不浑,装坛密封,可数年不变质。

三白酒,嘉兴当地又名杜塔酒。"杜塔"是嘉兴方言,自己做的意思。逢年过节,或有客来,农家就用三白酒来招待客人,自己做的酒表达了农家的真诚和实在,大家一定要一醉方休才行。

明朝时,白酒流行,因其稍饮辄醉,更显饮酒者的豪气,大受当时各个阶层民众的欢迎。

由于酿酒的普遍,明政府不再设专门管酒务的机构,酒税并入商税。据《明史·食货志》记载,酒按照"凡商税,三十而取一"的标准征收。如此一来，极大地促进了蒸馏酒和绍兴酒的发展。相比之下，葡萄酒因失去了优惠政策的扶持，其发展受到了影响。

尽管在明朝葡萄酒不及白酒与绍兴酒流行，但是经过1000多年的发展，早已有了相当的基础。

在民间文学中，葡萄酒也有所反映。如在冯梦龙收集整理的《童痴一弄·挂枝儿·情谈》中，就描写了明朝人对葡萄的喜爱之情：

> 圆纠纠紫葡萄闻得恁俏，红晕晕香疤儿因甚烧？扑簌簌珠泪儿不住在腮边吊。曾将香喷喷青丝发，剪来系你的臂，曾将娇滴滴汗巾儿，织来束你的腰。这密匝匝的相思也，亏你淡淡地丢开了。

"挂枝儿"是明代后期流行的一种曲调，《童痴一弄·挂枝儿》是用"挂枝儿"曲调演唱的小曲，在明代后期非常流行。在民间小曲中都把葡萄编进去了，可见葡萄在当时比较容易获得，酿制和饮用葡萄酒也并非难事。

■乌镇三白酒坊

■ 葡萄酒

李时珍 字东璧，时人谓之李东璧。号濒湖，晚年自号濒湖山人，湖北蕲州人。明代伟大的医学家、药物学家。他曾参考历代有关医药及其学术书籍800余种，结合自身经验和调查研究，历时27年编成《本草纲目》，该书是我国古代药物学的总结性巨著，另著有《濒湖脉学》。

明朝李时珍所撰《本草纲目》，总结了我国16世纪以前中药学方面的光辉成就，内容极为丰富，对葡萄酒的酿制以及功效也作了细致的研究和总结。李时珍记录了葡萄酒3种不同的酿造工艺：

第一种方法是不加酒曲的纯葡萄汁发酵。《本草纲目》认为："酒有黍、秫、粳、糯、粟、曲、蜜、葡萄等色，凡作酒醴须曲，而葡萄、蜜等酒独不用曲。""葡萄久贮，亦自成酒，芳甘酷烈，此真葡萄酒也。"

第二种方法是要加酒曲的，"取汁同曲，如常酿糯米饭法。无汁，用葡萄干末亦可。"

第三种方法是葡萄烧酒法："取葡萄数十斤，同大曲酿酢，取入甑蒸之，以器承其滴露。"

在《本草纲目》中，李时珍还提到葡萄酒经冷冻处理，可提高质量。久藏的葡萄酒，"中有一块，虽极寒，其余皆冰，独此不冰，乃酒之精液也。"

这已类似于现代葡萄酒酿造工艺中，以冷冻酒液来增加酒的稳定性的方法。

对于葡萄酒的保健与医疗作用，李时珍提出了自己的认识。他认为酿制的葡萄酒能"暖腰肾，驻颜色，耐寒。"而葡萄烧酒则可"调气益中，耐饥强志，消炎破癖。"这些见解，已被后世医学所证实。

明代永乐、宣德时期的青花梅瓶的主题图案为"携酒寻芳"：一位官员骑马在前，身后一个仆人肩挑一担，一头为一只竹编的三层食箪，另一头则是装满美酒的梅瓶。这只瓶上画的图案为说明梅瓶的用途提供了非常有价值的形象资料。

桂林靖江温裕王墓中发现了装有酒的梅瓶，这只梅瓶的瓶盖被拌有糯米浆的石灰膏严严实实地封住，当将瓶盖打开后，一股浓醇的酒香充溢房间。将酒倒出，看到酒色晶莹红艳。更令人称奇的是，酒中泡有3只未长毛的小乳鼠和一些中药材。

据记载，温裕王死于1590年，然而这瓶酒竟能保存完好，要使乳鼠这样的幼小动物在酒中不腐烂，所用的酒必然有较高度数。据推测，用的可能是当时桂林的三花酒。因为三花酒在明代已经是名酒，其酒度超过50度，是浸泡药酒的理想用酒。

> **阅读链接**
>
> 明太祖朱元璋相信酒后吐真言，曾经以酒试大学士宋濂。宋濂是明开国初期跟刘基一起受朱元璋重用的，后来当过太子的老师。宋濂为人一向谨慎小心，但朱元璋对他并不放心。有一次，宋濂在家里请几个朋友喝酒。第二天上朝，朱元璋问他昨天喝过酒没有，请了哪些客人，备了哪些菜。宋濂如实回答。朱元璋笑着说："你没欺骗我！"原来，朱元璋已暗暗派人去监视了。
>
> 朱元璋曾在朝廷上称赞宋濂说："宋濂伺候我19年，从没说过一句谎言，也没说过别人一句坏话，真是个贤人啊！"

清代各类酒的发扬光大

清代，不论是社会生产还是科技的发展，都远远超出先前的各个朝代。在酿酒和药酒的使用方面都有了一定的发展。

清代出现了许多闻名遐迩的名酒。清乾隆年间，大臣张照献松苓酒方，乾隆皇帝便命人照方酿酒：寻采深山古松，挖至树根，将酒瓮开盖，埋在树根下，使松根的液体被酒吸入，一年后挖出，酒色一如琥珀，味道极美。乾隆皇帝常有节制地饮用松苓酒，有益长寿。有人说乾隆寿跻九旬，身体强健，与饮松苓酒有关。

在清代，蒸馏酒的技术已经和后世酿酒技术十分接近。在水井坊一共发现了4处灶坑遗址，其中两个是清代灶坑。水井坊遗址让人们第一次清晰

■清代酒馆场景复原

■ 古酿酒作坊

地看到了古代酿酒的全过程：

蒸煮粮食，是酿酒的第一道程序，粮食拌入酒曲，经过蒸煮后，更有利于发酵。在传统工艺中，半熟的粮食出锅后，要铺撒在地面上，这是酿酒的第二道程序，也就是搅拌、配料、堆积和前期发酵的过程。晾晒粮食的地面有一个专门的名字，叫晾堂。水井坊遗址一共发现3座晾堂。

晾堂旁边的土坑是酒窖遗址，就像一个个陷在地里的巨大酒缸。水井坊有8口酒窖，内壁和底部都用纯净的黄泥土涂抹，窖泥厚度8厘米到25厘米不等。

酒窖里进行的是酿酒的第三道程序，对原料进行后期发酵。经过窖池发酵的酒母，酒精浓度还很低，需要经进一步的蒸馏和冷凝，才能得到较高酒精浓度的白酒，传统工艺采用俗称天锅的蒸馏器来完成。

北京酿制白酒的历史十分悠久。早在金代将北京

张照（1691—1745），初名默，字得天、长卿，号天瓶居士。乾隆时大书法家，常为乾隆皇帝代笔，擅长行楷书；聪明颖悟，深通释典，诗多禅语。书法天骨开张，气魄浑厚。兼能画兰，间写墨梅，疏花细蕊，极其秀雅。通法律，工书法，尤精音律。

二锅头 北京酒酿制技艺，源于元代的烧酒，是北京历代重要技艺传人以师徒相教，口传身授，代代相传的形式为载体的民间手工艺。这一古老的酿造技艺自清康熙赵氏以来传承九代，历经300余年。

定为"中都"时就传来了蒸酒器，酿制烧酒。到了清代中期，京师烧酒作坊为了提高烧酒质量，进行了工艺改革。在蒸酒时用作冷却器的称为"锡锅"，也称"天锅"。蒸酒时，需将蒸馏而得的水，经过放入天锅内的凉水冷却流出的成酒，及经第三次换入天锅里的凉水冷却流出的"酒尾"提出做其他处理。

因为第一锅和第三锅冷却的成酒含有多种低沸点和高沸点的物质成分，所以一般只提取经第二次换入"天锅"里的凉水冷却而流出的酒，这就是所谓的"二锅头"，是一种很纯净的好酒，也是质量最好的酒。

清代末期，二锅头的工艺传遍北京各地，颇受文人墨客赞誉。清代诗人吴延祁曾云：

自古才人千载恨，至今甘醴二锅头。

据说，清代小说家曹雪芹与敦诚相聚次数较多，二人的"佩刀质酒"故事广为流传。

在当时，曹雪芹在专供皇族子孙及宗室子弟入学

■ 清代二锅头酒酿制技艺卷轴

的宗学里当差，清太祖努尔哈赤兄弟阿济格的后代敦诚、敦敏两兄弟在宗学里学习，由于双方的遭遇相仿，脾气、爱好相投，逐渐成为知交。

有一年秋末，曹雪芹从山村来北京城探访敦敏。由于心事重重，一晚上都睡不好，很早就起床了。偏偏这天天气变了，从夜里就下起淋漓的冷雨来，寒气逼人。

曹雪芹衣裳单薄，肚子里又无食，冻得直发抖。嗜酒如命的曹雪芹这时什么都不想要，只想喝一斤烧酒，暖暖身子。但时间尚早，主人家都还在睡着。

正在苦闷的时候，这时有一个人披衣戴笠走来了，曹雪芹仔细一看，竟是好友敦诚！敦诚看到曹雪芹后，更是惊喜不已。他们没讲几句话，就一同悄悄地到附近的小酒店买酒喝去了。

曹雪芹几杯酒落肚后，精神焕发，开始高谈阔论起来。酒喝完了，两人一摸口袋，却是囊中羞涩。于是敦诚解下佩刀说："这刀虽明似秋霜，可是把它变卖了，还买不了一头牛种田。拿它去临阵杀敌，又没有咱们的份儿，不如将它作抵押，润润我们的嗓子。"

曹雪芹听了，连说"痛快"！之后敦诚作了一首《佩刀质酒歌》，记录下这段偶遇。

■ 曹雪芹（约1715—约1763），清代著名的文学家、小说家。他素性放达，爱好研究广泛：金石、诗书、绘画、园林、中医、织补、工艺、饮食等。后以坚韧不拔之毅力，历经多年艰辛创作出极具思想性、艺术性的伟大作品《红楼梦》。

加饭酒 是绍兴黄酒的一种，它是在生产时改变了配料的比例，增加了糯米或糯米饭的投入量而得名的。加饭酒是一种半干酒。酒质醇厚，气郁芳香。具有和血、行气、提神、驱寒、壮筋骨等诸多的保健功能。经常饮用能使人精神旺盛，体力充沛。

曹雪芹嗜酒健谈，性情高傲，他卖画挣得的钱，除了维持一家食粥以外，就是去买酒喝，或者还酒债。最终因为抑郁的情绪难以排解，一醉方休，傲世而终。

清代，各地的酿造酒的生产虽然保存，但绍兴的老酒、加饭酒风靡全国，这种行销全国的酒，质量高、颜色较深。

清代，绍兴黄酒不但花色品种繁多，而且质量上乘，从而确立了我国黄酒之冠的地位。当时绍兴生产的酒就直呼绍兴，到了不用加"酒"字的地步。特别是清代设立于绍兴城内的沈永和酿坊，以独创的"善酿酒"享誉海内外。康熙年间有"越酒行天下"之说，可见当时盛况空前。

在清康熙、雍正、乾隆时期，绍兴酒在全国就已享有盛名。上自皇宫内苑，下至村夫草民，皆以喝绍兴酒为荣。因清朝皇帝对绍兴酒有特殊的爱好，清代时已有所谓"禁烧酒而不禁黄酒"的说法。

清代，惠泉酒已是进献帝王的贡品。无锡惠山多泉水，相传有九龙十三泉。经唐代陆羽、刘伯刍品评，都以惠山寺石泉水为"天下第二泉"，从而声名大振。

早在元代时，就用二泉水酿造的糯米酒，称为"惠泉酒"，其味

■青花瓷花雕酒

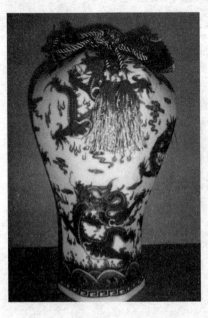

■酿酒工艺场景复原

清醇,经久不变。在明代,惠泉酒已名闻天下。曾任吏部尚书、华盖殿大学士的李东阳,在《秋夜与卢师邵侍御辈饮惠泉酒次联句韵二首》中,有"惠泉春酒送如泉,都下如今已盛传""旋开银瓮泻红泉,一种奇香四座传"之诗句。

到清代,惠泉酒更是名扬天下。1722年康熙帝"驾崩",雍正帝继位,曹雪芹之父在江宁织造任上,一次就发运40坛惠泉酒进京,由此可见无锡惠泉酒已然成为贵族之家的饮用酒。曹雪芹对惠泉酒显然比较熟悉,因此把它写进了《红楼梦》。

绍兴黄酒鉴湖春在清代也已名扬天下。关于鉴湖春的来历,民间还有个故事,与乾隆皇帝有关:

这一年,乾隆皇帝携纪晓岚、和珅等大臣下江南。一日,一行人进了浙江境内,关于当晚下榻何处,众大臣意见不一,和珅主张下榻西湖边的行宫,

纪晓岚(1724—1805),纪昀,字晓岚,一字春帆,晚号石云,道号观弈道人,清代文学家。历雍正、乾隆、嘉庆三朝,是我国的大文豪之一,文采超过他的人屈指可数。其官至礼部尚书、协办大学士,曾任《四库全书》总纂修官。卒后谥号文达,乡里世称文达公。

纪晓岚主张入住绍兴鉴湖边的沈家。

沈家是绍兴数一数二的大户，所酿造的绍兴酒更是远近闻名，当地人都习惯称为"沈家酒"。但沈家虽然富有，与西湖边的皇帝行宫比起来自然逊色不少。但纪晓岚更希望乾隆能够深入民间。最终乾隆听取了纪晓岚的意见，决定入住沈家。

沈家自是激动不已，当晚在鉴湖边设下宴席款待乾隆君臣，自然少不了"沈家酒"。

次日，乾隆走访绍兴，感触颇深，信笔提下《咏绍兴》：

鉴湖春来早，楼榭水中摇。
自古豪杰地，酒家知多少。

自此以后，沈家酒就有了御赐的新名字"鉴湖春"并被封为贡酒。

清代是我国葡萄酒发展的转折点，由于我国西部

> **《清稗类钞》**
> 关于清代掌故遗闻的汇编。从清人的文集、笔记、札记、报章、说部中，广搜博采，编辑而成。书中涉及内容极其广泛，举凡军国大事、典章制度、社会经济、学术文化、名臣硕儒、疾病灾害、民情风俗、古迹名胜，几乎无所不有。

■ 古代制曲场景

的稳定，葡萄种植的品种有所增加。据清代徐珂的《清稗类钞》记载，清代的葡萄种类不一，自康熙时哈密等地咸录版章，因悉得其种，植渚苑御。

葡萄有白色、紫色，有的长得像马乳。大葡萄中间有小葡萄的，名公领孙；琐琐葡萄，味极甘美。还有一种叫奇

清代酒器

石密食，回语滋葡萄，属于本布哈尔种，西域平定后，遂移植到清皇宫。

清帝王非常喜爱葡萄酒，特别是康熙帝，对葡萄酒更是钟爱有加。据说有一次，康熙帝得了重病疟疾之后，几位西洋传教士向皇帝建议，为了恢复健康，最好每天喝一杯红葡萄酒。康熙帝保持这个喝红葡萄酒的习惯一直到去世。康熙皇帝把"上品葡萄酒"比作"人乳"，因此他有生之年经常饮用。

清代，葡萄酒不仅是王公、贵族的饮品，在一般社交场合以及酒馆里也都饮用。这些都可以从当时的文学作品中反映出来。曹雪芹的祖父曹寅所作的《赴淮舟行杂诗之六·相忘》写道：

　　短日千帆急，湖河簸浪高。
　　绿烟飞蛱蝶，金斗泛葡萄。
　　失薮哀鸿叫，搏空黄鹄劳。
　　蓬窗漫抒笔，何处写逋逃。

曹寅官至通政使、管理江宁织造、巡视两淮盐漕监察御史，生前

> 《西域闻见录》成书于1777年，满洲正蓝旗人七十一著。七十一，姓尼玛查，号椿园。《西域闻见录》为七十一在"库车办事时"所撰。书中详细记录了当时西域的人文地理、风土人情、物产习俗，是难得的史料笔记，多为后人所引用。

享尽荣华富贵。从此诗中可以看出，葡萄酒在清朝是上层社会常饮的樽中美酒。

清代后期，由于海禁的开放，葡萄酒的品种明显增多。《清稗类钞》还记载了当时北京城有3种酒肆，一种为南酒店，一种为京酒店，还有一种是药酒店，则为烧酒，以花蒸成，有玫瑰露、茵陈露、苹果露、山楂露、葡萄露、五加皮、莲花白等。当时，凡是以花果所酿的酒，皆可名为"露"。

当时的药酒店还出售白兰地酒。据《西域闻见录》载："深秋葡萄熟，酿酒极佳，饶有风味。""其酿法纳果于瓮，覆盖数日，待果烂发后，取以烧酒，一切无需面蘖。"这就是葡萄蒸馏酒。

清代酒业兴盛，随之而来便是酒具的耀眼夺目，由于清康熙、雍正、乾隆三朝对瓷器的喜好，我国制瓷业得到进一步发展，瓷器除青花、斗彩、冬青外，又新创制了粉彩、珐琅彩和古铜彩等品种，真可谓五光十色，美不胜收。

■清代酒馆内景

清代流传在世的精美瓷酒器有很多，最常见的器形主要有梅瓶、执壶、压手杯和小盅等，如景德镇珐琅彩带托爵杯、康熙斗彩贺知章醉酒图酒杯、青花山水人物盖杯、五彩十二月花卉杯，以及各种五彩人物压手杯等，均为

清代瓷酒器精品,饮誉海内外。

清宫设有"造办处",专为皇室制造各类物品,其下所设金银作和玉作便是承做金银器和玉器、珠宝的重要作坊。北京故宫所藏的不少原清宫酒器,如雍正双耳玉杯、"金瓯永固"金杯等即为造办处所制。除此,外埠贡入的金银、玉质酒器也不在少数。

清代锡酒壶

清代的瓷、金、银和玉等质地的酒器多仿古器。如清宫御用的双耳玉杯、龙纹玉觥、珐琅彩带托爵杯、铜彩兽耳尊、各类瓷尊、双贯耳瓷壶和天蓝釉双龙耳大瓶等,皆为清代仿古酒器。清代仿古酒器盛行,与康、雍、乾3位皇帝嗜酒有关。

在清代,作为酒文化载体的酒器,也与众多名酒一样,交相辉映,共展我国酒文化的无穷魅力。

阅读链接

清乾隆金嵌宝"金瓯永固"杯,是清宫珍藏的金器。清乾隆年间,清宫造办处制造了各式酒杯,其中不乏龙耳作品,且式样颇多,这件金杯的设计及加工皆属上乘,是皇帝专用的酒杯。"金瓯永固"寓意大清的疆土、政权永固。

每当元旦凌晨子时,清帝在养心殿明窗,把"金瓯永固杯"放在紫檀长案上,把屠苏酒注入杯内,亲燃蜡烛,提起毛笔,书写祈求江山社稷平安永固的吉语。所以,"金瓯永固杯"被清代皇帝视为珍贵的祖传器物。

明清时代完善的酒风俗

自古直至明清时期，我国历代皇室重视祭祀，同时，民间也逐渐形成了一年中的多个重大节日，如春节、清明、端午、除夕等。在这些仪式和节日中，都有相应的饮酒活动。而且在清代，还专门有钦定

■御酒坊

的御酒来从事这些活动。

清初大臣梁章钜在《归田琐记》记述说，乾隆曾谕令制一个银斗，盛水以评天下水的高下。结果，北京玉泉山水斗重1两，塞上伊逊河水也斗重1两；无锡惠泉水，重玉泉水4厘；距玉泉咫尺之遥的西山碧云寺泉水重玉泉水1分。于是，玉泉钦定为天下第一泉。皇宫用水取于玉泉山，其宫中御酒也是由这第一泉酿造的。

■酿酒工艺雕塑

清酿酒事宜由光禄寺负责。光禄寺下设良酝署，专司酒醴之事。西安门内有酒局房24间，设6名酒匠、2名酒尉负责。取春、秋两季的玉泉水，用糯米1石、淮曲7斤、豆曲8斤、花椒8钱、酵母8两、箬竹叶4两、芝麻4两，即可造玉泉美酒90斤。

玉泉酒问世以后，成了历代皇帝的常用酒。宫中御膳房做菜，也常用玉泉酒调料。玉泉酒还用于祭礼，每年正月祭谷坛、二月祭社稷坛、夏至日祭方泽坛、冬至日祭圜丘坛，岁暮祭太庙，玉泉酒都是作为福酒供祭。

民俗中祭拜酒涉及范围较宽，一般有两类，一是立房造屋、修桥铺路要行祭拜酒。凡破土动工，有犯山神地神，就要置办酒菜，在即将动工的地方祭拜山神和地神。

为确保工程顺利，要祭拜工匠的"祖师"鲁班。

玉泉山 位于北京西山，六峰连缀、逶迤南北的玉泉山，是西山东麓的支脉，在"山之阳"，它最突出的地方是土纹隐起，作苍龙鳞，沙痕石隙，随地皆泉。因这里泉水"水清而碧，澄洁似玉"，故此称为"玉泉"。

> **屠蘇酒配方**
>
> 〖主治〗歲旦辟疫氣，令人不染溫病及傷寒。
>
> 〖配方〗大黃、桔梗、蜀椒各十五株，白術、桂心各十八株，烏頭六株，菝葜十二株。
>
> 〖制法〗上咀，絳袋盛，以十二月晦，日中，懸沉井中，令至泥，正月朔月平曉出藥，置酒中煎數沸。一方用虎杖一兩一錢，無菝葜，一方有防風一兩。
>
> 〖用法〗于東向中飲之屠蘇酒，待三朝，還渣置井中，能仍歲飲，可世無病，當家內外有井，皆悉著藥，辟溫氣也。
>
> 《備急千金要方》

■屠苏酒配方

仪式要请有声望的工匠主持，备上酒菜纸钱，祭拜以求保佑。工程中，凡上梁、立门均有隆重仪式，其中酒为主体。

另外，遇灾有难时，也要设祭拜酒。在民间，心有灾难病痛，认为是得罪了神灵祖先，于是，就要举行一系列的娱神活动，乞求宽免。其形式仍是置办水酒菜肴，请先生到家里唱念一番，以酒菜敬献。

自古以来，我国民间将一年分为数个重大节日，每个节日都有相应的习俗，但几乎都与酒有关。

春节俗称过年。汉武帝时规定正月初一为元旦；清末民初时，正月初一改称为春节。春节期间要饮用屠苏酒、椒花酒，寓意吉祥、康宁、长寿。

"屠苏"原是草庵之名。饮屠苏酒始于东汉。相传古时有一人住在屠苏庵中，每年除夕夜里，他给邻里一包药，让人们将药放在水中浸泡，到元旦时，再用这井水兑酒，合家欢饮，使全家人一年中都不会染上瘟疫。后人便将这草庵之名作为酒名。

宋代王安石在《元旦》一诗中写道："爆竹声中一岁除，春风送暖入屠苏。千门万户曈曈日，总把新桃换旧符。"

明代李时珍的《本草纲目》中记载："屠苏酒，

> **上梁** 主要是指安装建筑物屋顶最高一根中梁的过程。"中梁"除了建筑结构实用上的重要位置外，同时更有其无形的宗教层面的意义。因此，在上梁典礼中借着梁的作用，来连接庙宇建构本身、天地、神灵与宗教人之间的关系。通书上说："上梁有如人之加冠。"

陈延之《小品方》云,'此华佗方也'。元旦饮之,辟疫疠一切不正之气。"

到了清代,每年腊月的最后一天,茶膳房首领会同药房首领将大黄、桔梗、白术、肉桂各1两8钱,乌头6钱,菝葜1两2钱,研成细末,用缝囊装好,悬在药房井内,离水三尺。正月初一日子初取出,用木瓜酒1斤,冰糖面5钱,一同煎熬。这便是新春佳节饮用的屠苏酒,用以屠绝鬼气,苏醒人魂,除瘟避疫。

"椒花酒"是用椒花浸泡制成的酒,它的饮用方法与屠苏酒一样,颇讲究由"幼及长",即饮酒时从小至大依次饮用。据说饮此酒可以避瘟气。

南朝梁宗懔撰写的笔记体文集《荆楚岁时记》中说:"'正月一日'长幼悉正衣冠,以次拜贺,进椒柏酒,饮桃汤,进屠苏酒……次第从小起。"

北周宫体文学的代表作家庾信在诗中也写道:"正朝辟恶酒,新年长命杯。柏吐随铭主,椒花逐颂来。"

在历代的倡导下,春节就形成了举国共饮的最重要的一个节日。

灯节又称元宵节、上元节。这个节日始于唐代,因为时间在农历

古代酒铺

■ 传统酿酒工艺

正月十五,是三官大帝的生日,所以当时人们都向天宫祈福,必用五牲、果品、酒供祭。祭礼后,撤供,家人团聚畅饮一番,以祝贺新春佳节结束。晚上观灯、看烟火、食元宵。

中和节又称春社日,时在农历二月初一,祭祀土神,祈求丰收。祭祀土神的中和节饮中和酒、宜春酒,据说此酒可以医治耳疾,因而又称之为"治聋酒"。宋人在诗中写道:"社翁今日没心情,为乏治聋酒一瓶。恼乱玉堂将欲通,依稀巡到等三厅"。

清明节时间约在公历4月5日前后。人们一般将寒食节与清明节合为一个节日,有扫墓、踏青的习俗。始于春秋时期的晋国。这个节日饮酒不受限制。

据唐代段成式著的《酉阳杂俎》记载:在唐代时,于清明节宫中设宴饮酒之后,宪宗李纯又赐给宰相李绛酴酒。

清明节饮酒有两种原因:一是寒食节期间,不能

三官大帝 即天官、地官、水官,亦称为"三官",又称为"三元"。我国上古时期就有祭天、祭地和祭水的礼仪。三官大帝是我国本土宗教道教较早供祀的神灵。一说天官为唐尧,地官为虞舜,水官为大禹。道书中称:天官赐福,地官赦罪,水官解厄。

生火吃热食，只能吃凉食，饮酒可以增加热量；二是借酒来平缓或暂时麻醉人们哀悼亲人的心情。

古人对清明饮酒赋诗较多，唐代美酒实践家白居易在诗中写道："何处难忘酒，朱门美少年。春分花发后，寒食月明前。"至明清时期，清明更成为文人和民间饮酒颇为普遍的节日。

端午节又称端阳节、重午节、端午节、重五节、女儿节、天中节、地腊节。时在农历五月五日，大约形成于春秋战国之际。人们为了辟邪、除恶、解毒，有饮菖蒲酒、雄黄酒的习俗。同时还有为了壮阳增寿而饮蟾蜍酒和镇静安眠而饮夜合欢花酒的习俗。

最为普遍及流传最广的是饮菖蒲酒。唐代光启年间即有饮"菖蒲酒"事例。唐代殷尧藩在诗中写道："少年佳节倍多情，老去谁知感慨生，不效艾符趋习俗，但祈蒲酒话升平。"后来逐渐在民间广泛流传。

《酉阳杂俎》
唐代笔记小说集，这本书据作者自序说属于志怪小说，不过就内容而言，远远超出了志怪的题材。这部著作，内容繁杂，有自然现象、文籍典故、社会民情、地产资源、草木虫鱼、方技医药、佛家故事、中外文化、物产交流等等，包罗万象。

■祭祀用酒

端午节 为每年农历五月初五,又称端阳节、午日节、五月节等。端午节是我国汉族人民纪念屈原的传统节日,以围绕才华横溢、遗世独立的楚国大夫屈原而展开,传播至华夏各地,民俗文化共享,屈原之名尽人皆知,追怀华夏民族的高洁情怀。

历代文献对菖蒲酒都有所记载,如唐代《千金方》、宋代《太平圣惠方》,元代《元稗类钞》,明代《本草纲目》《普济方》及清代《清稗类钞》等古籍书中,均载有此酒的配方及服法。

菖蒲酒是我国传统时令饮料,历代帝王也将它列为御膳时令香醪。明代刘若愚在《明宫史》中记载:"初五日午时,饮朱砂、雄黄、菖蒲酒、吃粽子"。

在清代,每年五月五日端午节,将雄黄加入酒内,为雄黄酒。如雄黄玉泉酒、雄黄太平春酒。每逢端午,皇帝要饮用雄黄酒,以解蛇虫诸毒。

清代顾铁卿在《清嘉录》中也有记载:"研雄黄末、屑蒲根,和酒以饮,谓之雄黄酒"。

由于雄黄有毒,后来人们不再用雄黄兑制酒饮用了,而改饮蟾蜍酒、夜合欢花酒。在武康常阳之妻的《女红余志》、清代南沙三余氏撰的《南明野史》中有所记载。

清代宫内有不少药酒,由御药房配制,用以健身祛疾。如嘉庆帝曾长期饮用清热除湿酒。还有一些低度酒如黄酒、木瓜酒、五加皮酒可供随时饮用。

同治、光绪年间,西苑南海瀛台,种植了莲荷上万棵。在端午前后,慈禧太后常令小太监采取莲花蕊,加药制酒,为莲花白酒,作为端午时的佳酿。

■雄黄酒

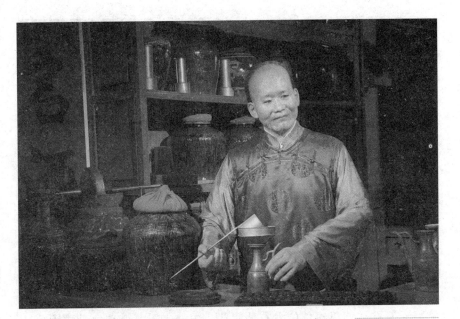

■ 清代酒铺掌柜

中秋节又称仲秋节、团圆节,时在农历八月十五日。在这个节日里,无论家人团聚,还是挚友相会,人们都离不开赏月饮酒。

古代诗词中对中秋节饮酒的反映比较多,春秋时韩非《说林》记载:"八月黍成,可为酎酒"。五代王仁裕著的《天宝遗事》记载,唐玄宗在宫中举行中秋夜文酒宴,并熄灭灯烛,月下进行"月饮"。

到了清代,中秋节以饮桂花酒为习俗。据清代潘荣陛著的《帝京岁时记胜》记载,八月中秋,"时品"饮佳酿"桂花东酒"。

其实我国用桂花酿制露酒已有悠久历史,早在战国时期,已酿有"桂酒",在屈原《楚辞》中有"奠桂酒兮椒浆"的记载。

汉代郭宪的《别国洞冥记》也有"桂醪"及"黄桂之酒"的记载。

《清嘉录》 清代苏州文士顾禄的著作,此书以十二月为序,记述苏州及附近地区的节令习俗,大量引证古今地志、诗文、经史,并逐条考订,文笔优美,叙事翔实,有保存乡邦文献的作用,是研究明清时代苏州地方史、社会史的重要资料。

■莲花白酒

唐代酿桂酒较为流行，有些文人也善酿此酒，宋代叶梦得在《避暑录话》有"刘禹锡传信方有桂浆法，善造者暑月极美、凡酒用药，未有不夺其味、沉桂之烈，楚人所谓桂酒椒浆者，要知其为美酒"的记载。金代，北京在酿制"百花露名酒"中就酿制有桂花酒。

清代的"桂花东酒"，成为为京师中秋传统节令酒，也是宫廷御酒。对此在文献中有"于八月桂花飘香时节，精选待放之花朵，酿成酒，入坛密封三年，始成佳酿，酒香甜醇厚，有开胃，怡神之功……"的记载。

重阳节又称重九节、茱萸节，时在农历九月初九，有登高饮酒的习俗。重阳饮菊花酒的习俗始于汉朝，明代医学家李时珍在《本草纲目》一书中写道，常饮菊花酒可"治头风，明耳目，去痿，消百病""令人好颜色不老""轻身耐老延年"等。因而古人在食其根、茎、叶、花的同时，还用来酿制菊花酒。

重阳节除饮菊花酒外，有的还饮用茱萸酒、茱菊酒、黄花酒、薏苡酒、桑落酒、桂酒等酒品。

历史上酿制菊花酒的方法不尽相同。晋代是"采菊花茎叶，杂秫米酿酒,至次年九月始熟,用之",明代是用"甘菊花煎汁,同曲、米酿酒。或加地黄、当归、枸杞诸药亦佳"。

到了清代,则是用白酒浸渍药材,而后采用蒸馏提取的方法酿制,这也是因慈禧太后偏爱而身价百倍的清末宫中的名酒。从这时开始,所酿制的菊花酒,就称之为"菊花白酒"。

除夕俗称大年三十夜。时在一年最后一天的晚上。人们有别岁、守岁的习俗,即除夕夜通宵不寐,回顾过去,展望未来。这种习俗始于南北朝时期。

除夕守岁都是要饮酒的,唐代白居易在《客中守岁》一诗中写道:"守岁樽无酒,思乡泪满巾"。孟浩然写有这样的诗句:"续明催画烛,守岁接长宴"。宋代苏轼在《岁晚三首序》中写道:"岁晚相馈问为'馈岁',酒食相邀呼为'别岁',至除夕夜达旦不眠为'守岁'"。

除夕饮用的酒品有"屠苏酒""椒柏酒"。这原是正月初一的饮用酒品,后来改为在除夕饮用。宋代苏轼在《除日》一诗中写道:"年

桂花酒

■ 多种多样的酒

八仙 我国民间广为流传的铁拐李、汉钟离、张果老、蓝采和、何仙姑、吕洞宾、韩湘子、曹国舅8位神仙，代表了男女老幼、富贵贫贱。相传八仙会定期赴西王母蟠桃大会祝寿，所以"八仙祝寿"成为了民间艺术常见的祝寿题材。

年最后饮屠苏，不觉来年七十岁"。

到了清代，除夕午夜，全家聚餐饮酒，又名为团圆酒，向长辈敬辞岁酒。除夕夜，各家各户要准备丰盛酒菜，燃香点烛化纸钱，请祖宗亡灵回来饮酒过除夕，此间，家有以长幼次序磕头，随即肃穆立候于桌边，三五分钟后，家长将所敬之酒并于一杯，洒于餐桌四周，祭拜才算结束，全家方得起勺用餐。这一习俗延续后世。

自古以来，随着时推风移，民俗活动因受社会政治、经济、文化发展的影响，其内容、形式乃至活动情节均有变化，然而，唯有民俗活动中使用酒这一现象则历经数代仍沿用不衰，到明清时臻于完善。

在老人生日，子女必为其操办生期酒。届时，大摆酒宴，至爱亲朋，乡邻好友不请自来，携赠礼品以贺等。酒席间，要请民间艺人说唱表演。

在我国有些地区，花灯手艺人要分别装扮成铁拐李、吕洞宾、张果老、何仙姑等"八仙"，依次演唱，边唱边向寿星老献上自制的长生拐、长生扇、长生经、长生酒、长生草等物，献物既毕，要恭敬献酒一杯，"仙人"与寿星同饮。

另外，婚礼是人生重要的一环，从提亲至定亲间的每一个环节中，酒是常备之物。提媒、取同意、索取生辰八字，媒人每去姑娘家议事，都必须捎带礼品，其中，酒又必不可少。

婚期定下，男家又酒肉面蛋糖果点心一应俱全，躬请姑娘的舅、姑、婆、姨，三亲四戚。

成亲时，当花轿抬进男家大院，第一件事就要祭拜男家列祖列宗，烧酒、猪头、香烛摆上几案，新人双跪于下，主持先生口中念念有词，最后把猪头砍翻而将酒缓缓洒于新郎新娘面前。

之后，过堂屋拜天地，拜毕，新人入洞房，共饮交杯酒，寄托白头相守、忠贞不渝的爱情。

洞房仪式完毕，新人要双双向参加婚礼酒宴者敬酒表示致谢，此

长寿酒

时，小伙们少不了向新婚夫妇劝酒，高兴起来，略有放肆，逗趣、玩笑自在其间，婚礼酒宴充满民间特有的欢乐情趣。

妇女分娩前几天，要煮米酒一坛，称为"月米酒"，一是为分娩女子催奶，一是款待客人。孩子满月，要办月米酒，少则三五桌，多则二三十桌，酒宴上烧酒管够，每人礼包一个，内装红蛋。

明清时期，我国各民族普遍都有用酒祭祀祖先，在丧葬时用酒举行一些仪式的习俗。

人去世后，亲朋好友都要来吊祭逝者，汉族的习俗是"吃斋饭"，也有的地方称为吃"豆腐饭"，这就是葬礼期间的举办的酒席。虽然都是吃素，但酒还是必不可少的。

有的少数民族则在吊丧时持酒肉前往，如苗族人家听到丧信后，同寨的人一般都要赠送丧家几斤酒及其大米、香烛等物，亲戚送的酒物则更多些，如女婿要送20来斤白酒，一头猪。丧家则要设酒宴招待吊者。

云南怒江地区，有的村中若有人病亡，各户带酒前来吊丧，巫师灌酒于逝者嘴内，众人各饮一杯酒，称此为"离别酒"。

逝者入葬后，还有在墓穴内放入酒的习俗，为的是死者在阴间也能享受到饮酒的乐趣。

阅读链接

古老相传，节日的全新解释是：必须选定一些日子让人们欢聚畅饮，于是便有了节日，而且节日很多，几乎月月都有。我国人自古在一年中的几个重大节日，都有相应的饮酒活动。

事实上，民间节日和习俗已经成为了我国酒文化中重要的一环。除举国共饮的节日之外，在一些地方，如江西民间，春季插完禾苗后，要欢聚饮酒，庆贺丰收时更要饮酒，酒席散尽之时，往往是"家家扶得醉人归"。

丰富有趣的酒令和酒歌

饮酒行令是我国人民在饮酒时助兴的一种特有方式。酒令由来已久,最早诞生于西周,发展成熟于隋唐,明清时更达于完善。开始时可能是为了维持酒席上的秩序而设立"监"。汉代有了"觞政",就是在酒宴上执行觞令,对不饮尽杯中酒的人实行某种处罚。

在远古时期就有了射礼,为宴饮而设的称为"燕射",即通过射

■古代竹酒筹

清代女子喝酒猜拳定胜负

箭,决定胜负,负者饮酒。古人还有一种被称为投壶的饮酒习俗,源于西周时期的射礼。酒宴上设一壶,宾客依次将箭向壶内投去,以投入壶内多者为胜,负者受罚饮酒。

行酒令必用筹子,筹子是此类酒令的显著特征。筹本是古代的算具。古代没有计算器,一般用竹木削制成筹来进行运算、善计者可以不依赖算具求得结果,因此筹引申为筹谋、筹划。

汉代班固《汉书》记刘邦对张良的评价时说:"夫运筹帷幄之中,决胜于千里之外,吾不如子房。"其中的筹,即为筹划、筹略、筹谋之义。

从唐代开始,筹子在饮酒中就有了不同的用法。比如用以计数,这种意义下的筹在后代酒令游戏中仍可见到,作用是以筹计数,后再按所得的筹的数量行酒。后来,人们不满足于筹子的原始用法,而把它变化成了一种行令的工具。

筹的制法也复杂化,在用银、象牙、兽骨、竹、木等材料制成的筹子上刻写各种令约和酒约。行令时合席按顺序摇筒掣筹,再按筹中规定的令约、酒约行令饮酒。唐代的《论语》酒筹是最早的一种筹令。

古时饮酒行令在士大夫中特别风行,他们还常常赋诗撰文予以赞颂。白居易诗曰:"花时同醉破春愁,醉折花枝当酒筹。"后汉贾逵并撰写《酒令》一书。清代俞效培辑成《酒令丛钞》4卷。

酒令分雅令和通令。雅令的行令方法是:先推一人为令官,或出诗句,其他人按首令之意续令,所续必在内容与形式上相符,不然则被罚饮酒。

行雅令时,必须引经据典,分韵联吟,当席构思,即席应对,这就要求行酒令者既有文采和才华,又要敏捷和机智,所以它是酒令中最能展示饮者才思的项目。

射礼 汉民族传统礼仪之一,共有4种:一是大射,是天子、诸侯祭祀前选择参加祭祀人而举行的射礼;二是宾射,是诸侯朝见天子或诸侯相会时举行的射礼;三是燕射,是平时燕息之日举行的射礼;四是乡射,是地方官为荐贤举士而举行的射礼。射礼前后,常有大型的宴饮,乡射礼也常与乡饮酒礼同时举行。

■ 喝酒划拳雕塑

《红楼梦》清代曹雪芹所著的一部具有高度思想性和高度艺术性的伟大作品,代表古典小说艺术的最高成就,并且在我国古代民俗、社会制度、社会图景、建筑金石等各领域皆有不可替代的研究价值,因此被誉为"中国古代社会的百科全书"。

例如,唐朝使节出使高丽,宴饮中,高丽一人行酒令即应对曰:"许由与晁错争一瓢,由曰:'油葫芦',错曰:'错葫芦'"。名对名,物对物,唐使臣应对得体,同时也可以看出高丽人熟识中国文化。

清代曹雪芹《红楼梦》第四十回写到鸳鸯作令官,喝酒行令的情景,鸳鸯吃了一盅酒,笑着说:"酒令大如军令,不论尊卑,唯我是主,违了我的话,是要受罚的。"描写出了清代上层社会喝酒行雅令的风貌。

总的说来,酒令是用来罚酒。但实行酒令最主要的目的是活跃饮酒时的气氛。何况酒席上有时坐的都是客人,互不认识是很常见的,行令就像催化剂,顿使酒席上的气氛就活跃起来。

■ 古代酒筹

通令的行令方法主要掷骰子、抽签、划拳、猜数等。通令很容易造成酒宴中热闹的气氛,因此较流行。但通令揎拳奋臂,叫号喧争,有失风度,显得粗俗、单调、嘈杂。

行酒令的方式可谓是五花八门。文人雅士与平民百姓行酒令的方式大不相同。文人雅士常用对诗或对对联、猜字或猜谜等,一般百姓则用一些既简单,又不需作任何准备的行令方式。

在民间,最常见,也最简单的是"同数",或一般叫"猜拳"，即用手指中的若干个手指的手姿代表某个数，两人出手后，相加后必等于某数，出手的同时，每人报一个数字，如果所说的数正好与加数之和相同，则算赢家，输者就得喝酒。如果两人说的数相同，则不计胜负，重新再来一次。

还有文雅些的击鼓传花，是一种既热闹又紧张的罚酒方式。在酒宴上宾客依次坐定位置。由一人击鼓，击鼓的地方与传花的地方是分开的，以示公正。

■皇帝醉酒雕塑

开始击鼓时，花束就开始依次传递，鼓声一落，如果花束在某人手中，则该人就得罚酒。因此花束的传递很快，每个人都唯恐花束留在自己的手中。击鼓的人也得有些技巧，有时紧，有时慢，造成一种捉摸不定的气氛，更加剧了场上的紧张程度。

一旦鼓声停止，大家都会不约而同地将目光投向接花者，此时大家一哄而笑，紧张的气氛一消而散。接花者只好饮酒。

如果花束正好在两人手中，则两人可通过猜拳或其他方式决定负者。击鼓传花是一种老少皆宜的方式，但多用于女客。

饮酒行令，不光要以酒助兴，有下酒物，而且往往伴之以赋诗填词、猜谜行拳之举，它需要行酒令者敏捷机智，有文采和才华。因此，饮酒行令是饮酒艺术与聪明才智的结晶。

我国人民在社交中很讲究礼仪，诚恳相待，注重精神文明。佳节与喜庆，亲友们互相走访，主人必先捧酒招待宾客，客人也尊敬主人，显得彬彬有礼。

精制酒器

有的地方,在吃饭时还要用酒歌来表达宾主之间的相互询问与祝福。主人在歌中对宾客的来临表示热烈欢迎;客人也以歌相答,对主人的热情款待表示衷心感谢。歌词内容包含着团结互助,友好往来的精神,还带有一种农家淳厚、简朴、恬适的古风。

在我国民间,较常唱的歌如《酒歌》《吃酒歌》《谢酒歌》《祝贺》《客人来要请坐》《赞歌》《问姓歌》等。

例如在宴席迎客时,主人首先唱《酒礼歌》:

贵客到我家,如凤落荒坡,如龙游浅水,实在简慢多。

客人对主人家的热情款待表示感谢,便用歌声来表达自己的心情,唱道:

喝酒唱酒歌,你唱我来和:
祝愿老年人,寿比南山坡;
祝福后生伙,下地勤做活;
祝福姑娘家,织布勤丢梭;
祝福主人家,年年丰收乐。

在喝酒过程中，也要不时地伴酒歌敬酒，明确地唱出敬酒为加深情谊：

这杯酒来清又清，美酒首先敬客人。世间贫富本是有，不讲贫富讲交情。

举起杯来好朋友，喝干这杯白米酒，别客气呀别拘束，干杯情谊多交流。

你左我右手，各端一杯酒，我俩手拉手，喝下这杯酒，今后日长久，永记此时候，情意胜浓酒。

用精致酒器盛酒宴宾和客赞主人酒器以谢盛情，是饮酒礼俗中的重要内容。早在宋代安抚使杨文以宋王朝赏赐的"凤樽"饮宴为荣。

有些村寨殷实之家酒宴多使用美观的酒具，宾客饮时赞唱："马头酒壶亮铿铿，桂花米酒香喷喷"，或"牛角盛酒敬客忙，牛角斟酒九两半，请君喝干别推让。"

在这种热烈隆重的盛宴场合受敬牛角酒的客人，不会立即接酒来

■古代酒铺

■ 雕花牛角酒杯

饮,而是以谦逊的酒歌相答:"一只牛角一尺长,斟满美酒喷喷香,姑娘情义千钧重,我是蚂蚁怎敢当?"再敬而饮。

宾主饮醉之后,客人示意将返,主人用再劝酒方式以表留客之意:"好酒九十九,才喝了九壶,还有九十壶,客人请别走。"

客临行,主以歌相别并敬最后一杯送客酒:"这杯酒来黄又黄,来得忙来去得忙,再敬贵客一杯酒,路上口渴得润肠。"

我国许多地方都有喜饮酒、喜唱歌的习俗,因此产生了劝酒歌、定亲歌、送亲歌、老人歌等酒歌,这些酒歌,朴实大方,以多姿多彩的艺术形式,有力地反映了人民的社会生活和特有的生活方式、风俗习惯,以及人民勤劳俭朴的高尚品德和美好的心灵。

阅读链接

我国筹令的包容量很大,长短不拘。大型筹令动辄有80筹,而且令中含令,令中行令。筹令因有这样的特点,才能有包容像《易经》的六十四卦等具丰富内涵的文化现象。戏剧《西厢记》及《水浒传》《聊斋志异》《红楼梦》等小说也屡屡取材。

酒筹莫如诗筹。诗筹就是行酒令用的筹子一种。规定行令者要背出某人某首诗,或指出筹上诗句的作者,或指出诗句的缺字,或照规定的韵即席成诗等等。能者胜,不能者罚,这种诗筹有时也用作赌博。